藝　文　叢　刊

醉古堂劍掃

〔明〕陸紹珩　著
趙樹鵬　點校

浙江人民美術出版社

圖書在版編目（CIP）數據

醉古堂劍掃 /（明）陸紹珩輯；趙樹鵬點校. --杭州：浙江人民美術出版社，2023.2（2023.11重印）

（藝文叢刊）

ISBN 978-7-5340-8761-5

Ⅰ.①醉… Ⅱ.①陸… ②趙… Ⅲ.①人生哲學－中國－明代 Ⅳ.①B825

中國版本圖書館CIP數據核字（2021）第069215號

藝文叢刊

醉古堂劍掃

〔明〕陸紹珩 輯　趙樹鵬 點校

責任編輯：羅仕通
責任校對：余雅汝
整體設計：傅笛揚　易問菊
責任印製：陳柏榮

出版發行　浙江人民美術出版社
(杭州市體育場路347號)
經　　銷　全國各地新華書店
製　　版　浙江時代出版服務有限公司
印　　刷　浙江海虹彩色印務有限公司
版　　次　2023年2月第1版
印　　次　2023年11月第2次印刷
開　　本　787mm×1092mm　1/32
印　　張　6
字　　數　104千字
書　　號　ISBN 978-7-5340-8761-5
定　　價　40.00圓

點校説明

陸紹珩，字湘客，明代天啓年間松陵（今屬蘇州）人，曾從仕，嗜書，生平具體事迹不詳。

《醉古堂劍掃》爲陸紹珩所編清言小品集，初刻本刊行於天啓四年（一六二四），後遭人篡改，以《小窗幽記》之名盛傳於世。作者自述編撰此書之過程，乃因讀書時，『每遇嘉言格論、麗詞醒語，不問古今，隨手輒記。卷以部分，趣緣旨合，用澆胸中傀儡，一掃世態俗情，致取自娱，積而成帙』。

全書分爲『醒』『情』『峭』『靈』『素』『景』『韵』『奇』『綺』『豪』『法』『倩』十二卷，每卷各有其旨。如卷一題下，作者自言：『食中山之酒，一醉千日。今世昏昏逐逐，無一日不醉，無一人不醉。趨名者醉於朝，趨利者醉於野，豪者醉於聲色車馬，而天下竟爲昏迷不醒之天下矣。安得一服清凉，人人解醒？集醒第一。』卷四題下，作者則做了如下論述：『天下有一言之微而千古如新，一字之義而百世如見者，安可泯滅之？故風雷雨露，天之靈；山川名物，地之靈；語言文字，人之靈。畢三才之用，無非一靈以神其間，而又何可泯滅之？集靈第四。』可見作者憂時傷世之心，心懷文化之情。

此次點校，以一八五三年和刻本（日本常足齋藏板）爲底本，間參以其他抄本或殘本，限於篇幅，不一一出注。因個人能力所限，書中不妥或錯誤處難免，敬請讀者不吝指正。

目録

醉古堂劍掃叙

承平日久，人民得其娛樂，起土木，聚花石之極，或模擬山村水郭、雲樵雨耕之境，自以爲高尚焉。噫，亦甚矣。然托高興於詩畫，如李遠「長日惟消一局棋」、戴文進《獨釣圖》，則當時雖罹物論，薄乎云爾。余居極湫溢，調馬擊劍之外，更無寸地。性癖愛山水，而無情可遣，於是有時乎賦詩作畫，以爲消夏之計。然詩畫未必適意，時握大筆，快書古人成語以遣興焉。而新詞雋句，古今裒輯備矣，然大率便乎白面書生而已，奚足以怡高士超塵之目？余嚮借覽《醉古堂劍掃》於友人雪園。雪園者，雪齋翁之嗣也。其書分部門爲篇，余之所蓄念既已道之，余秉筆輒必取語於此，不知者以爲余造語。余常耻剽竊，竊適上梓以公之，庶幾免乎剽竊之誚矣，乃有此舉，亦承平之一娛樂也爾。嘉永四年龍集辛亥二月中浣，松堂手題。

劍掃引

今夫載籍浩繁，指歸直捷。六經語孟，總蘄開豁心靈；諸子百家，無非透露性術。故片語居要，則累牘連篇皆成注脚；而談言微中，即村謳里曲致足解頤。悟得滿山碧緑青黄，頭頭是道；恁舉眼前砂石瓦礫，片片皆金。矧其冷客孤吟，寄趣頗同禪悦；而幽人癖韵，命意不詭宗風。是豈不比擊壤歌滄，可資采録？猶愈於齊諧棘問，備載逍遥者哉。湘客陸君，寄情二酉，探玄微於鄴架；摛以丹鉛，志感慨於秦灰。命曰「劍掃」，蓋憤俗情之沿襲，而斷以慧刀；亦憫世界之沉迷，而渡之寶筏。試當酒後，或際茶餘，巡簷讀映梅花，隔座如聞松籟，便覺名利頓盡，清虚欲來，生公應爲點頭，平子且當絶倒。何必揞頤拄頰，聽水聲於田間；斗酒雙柑，聆黄鸝於春日也？只恐厭實逃虚，哆口都羞壟斷；而借虚慱實，托足仍是終南。對賓客説有談空，舌本芳蘭可掇；課童僕求田問舍，胸中柴栅未忘。譬之火宅僧，聽偈參禪，欲念不勝擾擾，何必粉黛招挑；又如瞌睡漢，當場演劇，鼾睡尚爾齁齁，矧聽朱弦疏越。此等妖魔，劍不能掃，念兹惡趣，筆亦空靈。倘謂劍術之末工，吾更爲湘客説劍。甲子立冬日，天台任大冶天卿父題於金陵白雲冷署。

汝叙

晋代風流，宋人名理，兩者爲今日士子門户。始角於口舌，而議論日紛；既淪於肺腸，而營壘日固。三千年來，鬚眉丈夫，似盲眼不能點洗。三千年潔净世界，昏昏蒙蒙，總陷利欲場中。嗟乎嗟乎，尚忍言哉！余痛此惡習，恨無寸鐵，發其新硎。吾邑湘客陸氏，天隨先生世裔也。腹有錦，口有繡，腕有神，具一時之慧眼，廣萬世之婆心。甲子秋，偕予囊寸劍，走秣陵，振衣鳳臺之巔，濯足燕磯之流，遠眺鍾山氤氲，近挹桃渡笙歌。目飽心醉，此中興致不淺。三餘之暇，遂以居恒所閲古今清史，披襟再檢，博觀約取，手録一編，曰《劍掃》。此誠暗室一燈，苦海三老也。夫談兵説劍，自是世宙有心漢子事。當此士節日陰之時，而俾青電白虹之氣，剸犀斷蛟之利，立試之，其鋒芒不可逼視，海内且磨厲以須矣。嗚呼！塵埃則干鏌失光，顔色則鉛刀增彩。世有賞音，而床頭之刅，寧終在匣也哉。古吴友人汝調鼎石臣父題於靈谷寺之精舍。

倪叙

自蒼頡以繩契啓文明，蝌蟲禽鳥，亦莫不以一行一畫，自見於天地之間。而文字之穢雜，亦甚矣。迨其後祖龍生，而咸陽一燄，盡其穢而去之，不可謂非古今一大快事也。至於今，一劫於村壓文社之間，再劫於府稿試牘之内，三劫於剞劂梨棗之中，而穢雜更不可言矣。安得祖龍再生，復然咸陽已灰之燄，大掃今日之穢乎？荆蠻倪生拍手狂叫曰：「不妨不妨，有陸湘客《劍掃》在！」鴛湖倪煌題。

何叙

余与汝石臣蓋十年交矣，今秋偕湘客、倪令倩、倪曼青訪余於石供齋中，相與把臂話生平，歡意勃如也。湘客遂出所選《劍掃集》示余。余讀之，雖有醒、靈、情、峭、素、倩、綺、豪，種種不一，總之，涉世寄情，燦然具備，精言妙義，大是賞心。儻所謂琳瑯片片皆玉，栴檀寸寸皆香者，非耶？其於世之蕪辭枝蔓，一切災木者，即以所珮之劍掃之，有餘清矣。古詩云：機事塵外掃，緒言霞上開。得此解者，方許作如是觀。秣陵友弟何其孝。

劍掃引

天地間不朽事業，總是奇男子血性。第塵緣不掃，則慧性不開；而掃塵開慧，無過讀書。范質自從仕來，未嘗釋卷，曰：有异人言吾當大用，苟如是，無學術何以處之？吕獻可云：讀書不須多，讀一字，行取一字。倪文節云：天下之事，利害常相半，有全利而無小害者惟書。不問貴賤貧富老少，觀書一卷，則有一卷之益；觀書一日，則有一日之益。是以沈攸之晚學典册，嘗曰：早知窮達有命，恨不十年讀書。蘇子瞻與王庠書云：少年爲學者，每一書皆作數次讀之。當如入海，百貨皆有。人之精力不能兼收盡取，但得其所欲求者爾。退之韓公云：記事者必提其要，纂言者必鈎其玄。兩言尤千古讀書之訣。參數公之論，可得舍弟《劍掃》之旨矣。弟生平無他好，惟嗜古人書，得其片語隻字，會心處輒手録珍玩，沾沾作數日喜。積而成帙，如護牟尼，如親密友，秘不欲令人知。甲子秋，以試事從仕留都，還，得失之際，愈泊如也。已而出新編相示，乃疇昔之所珍秘，而諸友强以付梓者也。部分立旨歸，自適展讀一過，覺清虛日來，真可齊物我而忘得喪。得新編之意，神而明之，何塵不掃，何慧不開？可以掃一心，即可以醒衆醉。學術維濟，原非多途。不朽之業，何必不在故紙中。弟其韜光斂鋭，無輕用其鋒，使异日發研而試之，精光不可迫視。則干城之寄，豈止爲一劍之任耶？余不敏，不敢以雲間伯仲相埒，而書癖偶與弟同。弟之於書，不唯能讀，而且能行；不唯獨嗜，而且衆好。因附數語，以志予喜，并志予愧。兄璉題於有美堂。

自叙

昔人云：「一願識盡世間好人，二願讀盡世間好書，三願看盡世間好山水。」或曰：「盡則安能？但身到處，莫放過耳。」旨哉言乎！余性懶，逢世一切炎熱争逐之場，了不關情。惟是高山流水，任意所如，遇翠叢紫莽，竹林芳徑，偕二三知己，抱膝長嘯，欣然忘歸。加以名姝凝眄，素月入懷，輕謳緩板，遠韵孤簫，青山送黛，小鳥興歌，儕侶忘機，茗酒隨設，余心最歡，樂不可極。若乃閉關却掃，圖史雜陳，古人相對，百城坐列，几榻之餘，絶不聞户外事，則又如桃源人，尚不識漢世，又安論魏晋哉？此其樂，更未易一二爲俗人言也。第才非夢鳥，學慚半豹，而一往神來，興會勃不能已，遂如司馬公案頭常置數簿，每遇嘉言格論、麗詞醒語，不問古今，隨手輒記。卷以部分，趣緣旨合，用澆胸中傀儡，一掃世態俗情，致取自娱，積而成帙。今秋落魄京邸，睹此寂寂，使鄧禹笑人，未免有情，亦復誰能遣此？因共友人問雨花之址，尋采石之岩。江山歷落，使我懷古之情更深，乃出所手録，快讀一過，恍覺百年幻泡，世事棋枰，向來傀儡，一時俱化。雖斷蛟剸筆之利，亦不過是。友人鼓掌叫絶，曰：「此真熱鬧場一劑清凉散矣。夫鏌邪鈍兮鉛刀割，君有筆兮殺無血，可題《劍掃》，付之剞劂。」予曰：「一編自手，率爾問世，得無爲腹笥武庫者嗤乎？予笥不能盡書，余目不能盡笥，余手不能盡目，安用此戔戔者？」友曰：「不然。青史澆腸，筏言洗胃。片語隻字，皆可會心，但莫放過，何以多爲？」余唯唯。搦管書之，以識予逢世之拙，聊以斯編寄趣云。時甲子重陽，陸玿題。

劍掃凡例

一，博采《史記》《漢書》《世説》等書，目所經見者靡不揀入，别調者便不濫摘。

一，從來選清言者，俱間雜不倫。今以意趣相合者，擬議分類，類各有引，引各導窾，細繹自明。

一，群書所取，雖有部分，然或興到筆隨，大同小异者，不妨互收。

一，集有批點，出韵人口，入韵人目，如磁遇鐵，自然相投，不必點綴爲工。兹雖無批點，而已入韵目。

一，予居恒手録成帙，復與石臣輩客窗時篝火校讐，間有删改，主以獨見，參之衆裁。

一，名公姓氏，非敢妄書，但係同志，即書字號，正望「奇文共欣賞，疑義相與晰」。

一，是編縱未令長安紙貴，倘蒙玄鑒，嗣有續刻。

一，版取梨木，精擇佳紙，更覓刻手名家，筆筆真楷，雅緻一段苦心，珍賞家原之。

醉古堂天隨世孫識

劍掃采用書目

史記
唐書
魯望集
山海經
古逸史
明世說
見聞紀訓
冷齋夜話
唐伯虎集
眉公秘笈
娑娑園語

漢書
唐語林
歐陽漫録
博物志
世說新語補正
太平廣記
楊升庵麗句
挑燈集
祝枝山集
松窗雜録
何氏語林

淵明別傳
唐世說
東坡外稿
蘇米談史
皇明通紀
玉堂閑話
堯山堂外紀
初潭集
遵生八箋
國史
巖棲幽事

倩園快語　王百穀集　招隱集

清適編　芸窗清賞　小窗五紀

舌華録　白氏長慶集　駱賓王集

漢武内傳　青樓韵語　李氏藏書

徐文長集　焦太史集　三袁文集

漱石閑談　閑情小品　（終）

醉古堂劍掃卷一

松陵陸紹珩湘客父選
兄陸紹璉宗玉父閱

醒

食中山之酒，一醉千日。今世昏昏逐逐，無一日不醉，無一人不醉。趨名者醉於朝，趨利者醉於野，豪者醉於聲色車馬，而天下竟爲昏迷不醒之天下矣。安得一服清涼，人人解醒？集醒第一。

倚高才而玩世，背後須防射影之蟲；飾厚貌以欺人，面前恐有照膽之鏡。

怪小人之顛倒豪傑，不知慣顛倒方爲小人；惜吾輩之受世折磨，不知惟折磨乃見吾輩。

花繁柳密處撥得開，纔是手段；風狂雨急時立得定，方見脚根。

澹泊之守，須從穠艷場中試來；鎮定之操，還向紛紜境上勘過。

市恩不如報德之爲厚，要譽不如逃名之爲適，矯情不如直節之爲真。

使人有面前之譽，不若使人無背後之毀；使人有乍交之歡，不若使人無久處之厭。

攻人之惡毋太嚴，要思其堪受；教人以善毋過高，當原其可從。

不近人情，舉世皆畏途；不察物情，一生俱夢境。

遇沉沉不語之士，切莫輸心；見悻悻自好之徒，應須防口。

結纓整冠之態，勿以施之焦頭爛額之時；繩趨尺步之規，勿以用之救死扶傷之日。

議事者身在事外，宜悉利害之情；任事者身居事中，當忘利害之慮。

儉，美德也，過則爲慳吝，爲鄙嗇，反傷雅道；讓，懿行也，過則爲足恭，爲曲謹，多出機心。

藏巧於拙，用晦而明；寓清於濁，以屈爲伸。

彼無望德，此無示恩，窮交所以能長；望不勝奢，欲不勝饜，利交所以必忤。

怨因德彰，故使人德我，不若德怨之兩忘；仇因恩立，故使人知恩，不若恩仇之俱泯。

天薄我福，吾厚吾德以迓之；天勞我形，吾逸吾心以補之；天阨我遇，吾亨吾道以通之。

澹泊之士，必爲穠艷者所疑；檢飭之人，必爲放肆者所忌。

事窮勢蹙之人，當原其初心；功成行滿之士，要觀其末路。

好醜心太明，則物不契；賢愚心太明，則人不親。須是内精明而外渾厚，使好醜兩得其平，賢愚共受其益，纔是生成的德量。

好辯以招尤，不若訒默以怡性；廣交以延譽，不若索居以自全；厚費以多營，不若省事以守儉；逞能以受妒，不若韜精以示拙。

費千金而結納賢豪，孰若傾半瓢之粟以濟飢餓；構千楹而招徠賓客，孰若葺數椽之茅以庇孤寒。

恩不論多寡，當厄的壺漿，得死力之酬；怨不在淺深，傷心的杯羹，召亡國之禍。

仕途雖赫奕，常思林下的風味，則權勢之念自輕；世途雖紛華，常思泉下的光景，則利欲之心自淡。

居盈滿者，如水之將溢未溢，切忌再加一滴；處危急者，如木之將折未折，切忌再加一搦。

了心自了事，猶根拔而草不生；逃世不逃名，似羶存而蚋還集。

情最難久，故多情人必至寡情；性自有常，故任性人終不失性。

才子安心草舍者，足登玉堂；佳人適意蓬門者，堪貯金屋。

喜傳語者，不可與語；好議事者，不可圖事。

甘人之語，多不論其是非；激人之語，多不顧其利害。

真廉無廉名，立名者正所以爲貪；大巧無巧術，用術者乃所以爲拙。

爲惡而畏人知，惡中猶有善念；爲善而急人知，善處即是惡根。

譚山林之樂者，未必真得山林之趣；厭名利之談者，未必盡忘名利之情。

從冷視熱，然後知熱處之奔馳無益；從冗入閑，然後覺閑中之滋味最長。

貧士肯濟人，纔是性天中惠澤；鬧場能篤學，方爲心地上工夫。

伏久者，飛必高；開先者，謝獨早。

貪得者，身富而心貧；知足者，身貧而心富。居高者，形逸而神勞；處下者，形勞而神逸。

局量寬大，即住三家村裏，光景不拘；智識卑微，縱居五都市中，神情亦促。

惜寸陰者，乃有凌鑠千古之志；憐微才者，乃有馳驅豪傑之心。

感慨之極，轉生嬉笑；舞蹈之極，轉生歔欷。

天欲禍人，必先以微福驕之，要看他會受；天欲福人，必先以微禍儆之，要看他會救。

書畫受俗子品題，三生大劫；鼎彝與市人賞鑒，千古异冤。

脱穎之才，處囊而後見；絶塵之足，歷塊以方知。

名高忌起，寵極妒生。

結想奢華，則所見轉多冷淡；冥心清素，則所涉都厭塵氛。

多情者，不可與定妍媸；多誼者，不可與定取與；多氣者，不可與定雌雄；多興者，不可與定去住。

世人破綻處，多從周旋處見；指摘處，多從愛護處見；艱難處，多從貪戀處見。

凡情，留不盡之意則味深；凡興，留不盡之意則趣多。

待富貴人，不難有禮，而難有體；待貧賤人，不難有恩，而難有禮。

山栖是勝事，稍一縈戀，則亦市朝；書畫賞鑒是雅事，稍一貪癡，則亦商賈；詩酒是樂事，少一徇人，則亦地獄；好客是豁達事，一爲俗子所撓，則亦苦海。

多讀兩句書，少説一句話。讀得兩行書，説得幾句話。

看中人，在大處不走作；看豪傑，在小處不滲漏。

留七分正經以度生，留三分癡呆以防死。

輕財足以聚人，律己足以服人，量寬足以得人，身先足以率人。

從極迷處識迷，則到處醒；將難放懷一放，則萬境寬。

大事難事，看擔當；逆境順境，看襟度；臨喜臨怒，看涵養；群行群止，看識見。

安詳是處事第一法，謙退是保身第一法，涵容是處人第一法，灑脱是養心第一法。

處事最當熟思緩處，熟思則得其情，緩處則得其當。必能忍人不能忍之觸忤，斯能爲人不能爲之事功。

輕與必濫取，易信必易疑。

積丘山之善，尚未爲君子；貪絲毫之利，便陷於小人。

智者不與命鬬，不與法鬬，不與理鬬，不與勢鬬。

良心在夜氣清明之候，真情在簞食豆羹之間。故以我索人，不如使人自反；以我攻人，不如使人自露。

俠之一字，昔以之加意氣，今以之加揮霍，只在氣魄氣骨之分。

不耕而食，不織而衣，摇唇鼓舌，妄生是非，故知無事之人好爲生事。

沾泥帶水之累，病根在一戀字；隨方逐圓之妙，便宜在一耐字。

才人經世，能人取世，曉人逢世，名人垂世，高人出世，達人玩世。寧爲隨世之庸愚，無爲欺世之豪傑。

天下無不好諛之人，故諂之術不窮；世間盡是善毁之輩，故讒之路難塞。

進善言，受善言，如兩來船，則相接耳。

清福上帝所吝，而習忙可以銷福；清名上帝所忌，而得謗可以銷名。

造謗者甚忙，受謗者甚閑。

蒲柳之姿，望秋而零；松柏之質，經霜彌茂。

人之嗜名節，嗜文章，嗜游俠，如好酒然，易動客氣，當以德性消之。

好譚閨門，及好譏亂者，必爲鬼神所怒，非有奇禍，則必有奇窮。

神人之言微，聖人之言簡，賢人之言明，衆人之言多，小人之言妄。

士君子不能陶鎔人，畢竟學問中工力未透。

有一言而傷天地之和，一事而折終身之福者，切須檢點。

能受善言，如市人求利，寸積銖纍，自成富翁。

金帛多，只是博得垂死時子孫眼淚少，不知其他，知有争而已；金帛少，只是博得垂死時子孫眼淚多，亦不知其他，知有哀而已。

讀書須尋出書中眼目始得。

景不和，無以破昏蒙之氣；地不雄，無以壯光華之會。

一念之善，吉神隨之；一念之惡，厲鬼隨之。知此，可以役使鬼神。

出一個喪元氣進士，不若出一個積陰德平民。

眉睫纔交，夢裏便不能張主；眼光落地，死去又安得分明。

佛只是個了，仙也是個了，聖人了了不知了。不知了，了是了了；若知了，了便不了。

萬事不如杯在手，百年幾見月當空。

憂疑杯底弓蛇，雙眉且展；得失夢中蕉鹿，兩脚空忙。

名茶美酒，自有真味。好事者投香物佐之，反以爲佳，此與高人韵士誤墮塵網中何异？

花棚石磴，小坐微醺。歌欲獨，尤欲細；茗欲頻，尤欲苦。

善默即是能語，用晦即是處明，混俗即是藏身，安心即是適境。

雖無泉石膏肓，烟霞痼疾，要識山中宰相，天際真人。

氣收自覺怒平，神斂自覺言簡，容人自覺味和，守静自覺天寧。

處事不可不斬截，存心不可不寬舒，待己不可不嚴明，與人不可不和氣。

居不必無惡鄰，會不必無損友，惟能自持者兩得之。

要知自家是君子小人，只於五更頭檢點思想的是什麽，便見得。

平地坦途，車豈無蹶；巨浪洪濤，舟亦可渡。料無事必有事，恐有事必無事。

富貴之家，常有窮親戚來往，便是忠厚。

朝市山林俱有事，今人忙處古人閑。

人生有書可讀，有暇得讀，有資能讀，又涵養之如不識字人，是謂善讀書者。享世間清福，未有過於此也。

世上人事無窮，越幹越見不了；我輩光陰有限，越閑越見清高。

兩刃相迎俱傷，兩强相敵俱敗。

我不害人，人不我害；人之害我，由我害人。

商賈不可與言義，彼溺於利；農工不可與言學，彼偏於業；俗儒不可與言道，彼謬於詞。

博覽廣識見，寡交少是非。

明霞可愛，瞬眼而輒空；流水堪聽，過耳而不戀。人能以明霞視美色，則業障自輕；人能以流水聽弦歌，則性靈何害。

休怨我不如人，不如我者常衆；休誇我能勝人，勝如我者更多。

人心好勝，我以勝應必敗；人情好謙，我以謙處反勝。

人言天不禁人富貴，而禁人清閑。人自不閑耳，若能隨遇而安，不圖將來，不追既往，不蔽目前，何不清閑之有？

暗室貞邪誰見，忽而萬口喧傳；自心善惡炯然，凛於四王考校。

寒山詩云：「有人來罵我，分明了了知。雖然不應對，却是得便宜。」此言宜深玩味。

恩愛，吾之仇也；富貴，身之累也。

馮驩之鋏，彈老無魚；荆軻之筑，擊來有淚。

以患難心居安樂，以貧賤心居富貴，則無往不泰矣；以淵谷視康莊，以疾病視强健，則無往不安矣。

有譽於前，不若無毁於後；有樂於身，不若無憂於心。

富時不儉貧時悔，潛時不學用時悔，醉後狂言醒時悔，安不將息病時悔。

以理聽言，則中有主；以道窒欲，則心自清。

先淡後濃，先疏後親，先遠後近，交友道也。

苦惱世上，意氣須温；嗜欲場中，肝腸欲冷。

形骸非親，何况形骸外之長物；大地亦幻，何况大地内之微塵。

人當溷擾，則心中之境界何堪；人遇清寧，則眼前之氣象自別。

寂而常惺，寂寂之境不擾；惺而常寂，惺惺之念不馳。

童子智少，愈少而愈完；成人智多，愈多而愈散。

無事便思有閑雜念頭否，有事便思有粗浮意氣否；得意便思有驕矜辭色否，失意便思有怨望情懷否。時時檢點，到得從多入少、從有入無處，纔是學問的真消息。

人生順境難得，獨思從願之漢珠；世間尤物易傾，誰執擊人之如意。

筆之用以月計，墨之用以歲計，硯之用以世計。筆最鋭，墨次之，硯鈍者也，豈非鈍者壽，而鋭者夭耶？筆最動，墨次之，硯静者也，豈非静者壽，而動者夭耶？於是得養生焉：以鈍爲體，以静爲用，唯其然，是以能永年。

貧賤之人，一無所有，及臨命終時，脱一厭字；富貴之人，無所不有，及臨命終時，帶一戀字。脱一厭字，如釋重負；帶一戀字，如擔枷鎖。

透得名利關，方是小休歇；透得生死關，方是大休歇。

人欲求道，須於功名上鬧一鬧方心死。此是真實語。

病至，然後知無病之快；事來，然後知無事之樂。故禦病不如却病，完事不如省事。

諱貧者死於貧，勝心使之也；諱病者死於病，畏心蔽之也；諱愚者死於愚，癡心覆之也。

古之人，如陳玉石於市肆，瑕瑜不掩；今之人，如貨古玩於時賈，真僞難知。

士大夫損德處，多由立名心太急。

夫人身在局外，未可輕議局內事。

多躁者，必無沉毅之識；多畏者，必無卓越之見；多欲者，必無慷慨之節；多言者，必無質實之心；多勇者，必無文學之雅。

剖去胸中荆棘，以便人我往來，是天下第一快活世界。

古來大聖大賢，寸針相對；世上閑言閑語，一筆勾銷。

揮灑以怡情，與其應酬，何如兀坐；書札以達情，與其工巧，何若直陳；棋局以適情，與其競勝，何若促膝；笑談以洽情，與其謔浪，何若狂歌。

拙之一字，免了無千罪過；閑之一字，討了無萬便宜。

斑竹半簾，惟我道心清似水；黃粱一枕，任他世事冷如冰。

欲住世出世，須知機息機。

書畫爲柔翰，故開卷張册貴於從容；文酒爲歡場，故對酒論文忌於寂寞。

榮利造化，特以戲人，一毫著意，便屬桎梏。

士人不當以世事分讀書，當令以讀書通世事。

天下之事利害常相半，有全利而無小害者惟書。

意在筆先，向庖羲細參易畫；慧生牙後，恍顔氏冷坐心齋。

明識紅樓爲無塚之丘壟，迷來認作捨生岩；直知舞衣爲暗動之兵戈，快去暫同試劍石。

調性之法，須當似養花天；居才之法，切莫如妒花雨。

事忌脱空，人怕落套。

烟雲堆裏，浪蕩子逐日稱仙；歌舞叢中，淫欲身幾時得度。

山窮鳥道，縱藏花谷少流鶯；路曲羊腸，雖覆柳陰難放馬。

能於熱地思冷，則一世不受凄凉；能於淡處求濃，則終身不落枯槁。

會心之語，當以不解解之；無稽之言，是在不聽聽耳。

佳思忽來，書能下酒；俠情一往，雲可贈人。

藹然可親，乃自溢之冲和，妝不出温柔緩款；翹然難下，乃生成之倨傲，假不得遜順從容。

風流得意，則才鬼獨勝頑仙；孽債爲煩，則芳魂毒於虐祟。

極難處是書生落魄，最可憐是浪子白頭。

世路如冥，青天障蚩尤之霧；人情若夢，白日蔽巫女之雲。

密交定有夙緣，非以鷄犬盟也；中斷知其緣盡，寧關萋菲間之？

隄防不築，尚難支移壑之虞；操存不嚴，豈能塞横流之性。

發端無緒，歸結還自支離；入門一差，進步終成恍惚。

打渾隨時之妙法，休嫌終日昏昏；精明當事之禍機，却恨一生了了。

形同隽石，致勝冷雲，決非凡士；語學嬌鶯，態摹媚柳，定是弄臣。

藏不得是拙，露不得是醜。

開口輒生雌黄月旦之言，吾恐微言將絶；捉筆便驚繽紛綺麗之飾，當是妙處不傳。

風波肆險，以虛舟震撼，浪静風恬；矛盾相殘，以柔指解分，兵銷戈倒。

豪傑向簡淡中求，神仙從忠孝上起。

人不得道，生死老病四字關，誰能透過？獨美人名將老病之狀，尤爲可憐。

日月如驚丸，可謂浮生矣，惟静卧是小延年；人事如飛塵，可謂勞生矣，惟静卧是小自在。

平生不作皺眉事，天下應無切齒人。

闇室之一燈，苦海之三老。截疑網之寶劍，抉盲眼之金鎞。

攻取之情化，魚鳥亦來相親；悖戾之氣銷，世途不見可畏。

吉人安祥，即夢寐神魂無非和氣；凶人狼戾，即聲音笑語渾是殺機。

天下無難處之事，只要兩個「如之何」；天下無難處之人，只要三個「必自反」。

能脱俗便是奇，不合污便是清。

處巧若拙，處明若晦，處動若静。

參玄借以見性，談道借以修真。

世人皆醒時作濁事，欲得睡時有清身；若欲睡時得清身，須於醒時有清意。

好讀書非求身後之名，但异見异聞心之所願，是以孜孜搜討，欲罷不能，豈爲聲名勞七尺也。

一間屋，六尺地，雖没莊嚴，却也精緻。蒲作團，衣作被，日裏可坐，夜間可睡。燈一盞，香一炷，石磬數聲，木魚幾擊。龕常關，門常閉，好人放來，惡人回避。髮不除，葷不忌，道人心腸，儒者服制。不貪名，不圖利，了清静緣，作解脱計。無掛礙，無拘繫，閑便入來，忙便出去。省閑非，省閑氣，也不游方，也不避世。在家出家，在世出世，佛何人，佛何處？此即上乘，此即三昧。日復日，歲復歲，畢我這生，任他後裔。

草色花香，游人賞其真趣；桃開梅謝，達士悟其無常。

招客留賓，爲歡可喜，未斷塵世之扳援；澆花種樹，嗜好雖清，亦是道人之魔障。

人常想病時，則塵心便减；人常想死時，則道念自生。

入道場而隨喜，則修行之念勃興；登丘墓而徘徊，則名利之心頓盡。

鑠金玷玉，從來不乏乎讒人；洗垢索瘢，尤好求多於佳士。止作秋風過耳，何妨尺霧障天。

真放肆不在飲酒高歌，假矜持偏於大庭廣衆。看明世事透，自然不重功名；認得當下真，是以常尋樂地。

富貴功名，榮枯得喪，人間驚見白頭；風花雪月，詩酒琴書，世外喜逢青眼。

欲不除，似蛾撲燈，焚身乃止；貪無了，如猩嗜酒，鞭血方休。

涉江湖者，然後知波濤之洶湧；登山岳者，然後知蹊徑之崎嶇。

人生待足何時足，未老得閑始是閑。

談空反被空迷，耽静多爲静縛。

舊無陶令酒巾，新撇張顛書草。何妨與世昏昏，只問吾心了了。

以書史爲園林，以歌咏爲鼓吹，以理義爲膏粱，以著述爲文繡，以誦讀爲菑畬，以記問爲居積，以前言往行爲師友，以忠信篤敬爲修持，以作善降祥爲因果，以樂天知命爲西方。

雲烟影裏見真身，始悟形骸爲桎梏；禽鳥聲中聞自性，方知情識是戈矛。

事理因人言而悟者，有悟還有迷，總不如自悟之了了；意興從外境而得者，有得還有失，總不如自得之休休。

白日欺人，難逃清夜之愧赧；紅顏失志，空遺皓首之悲傷。

定雲止水中，有鳶飛魚躍的景象；風狂雨驟處，有波恬浪靜的風光。

寒灰内，半星之活火；濁流中，一綫之清泉。

攻玉於石，石盡而玉出；淘金於沙，沙盡而金露。

乍交不可傾倒，傾倒則交不終；久與不可隱匿，隱匿則心必險。

丹之所藏者赤，墨之所藏者黑。

懶可卧，不可風；静可坐，不可思；悶可對，不可獨；勞可酒，不可食；醉可睡，不可淫。

書生薄命原同妾，丞相憐才不論官。

少年靈慧，知抱夙根；今生冥頑，可卜來世。

撥開世上塵氣，胸中自無火炎冰兢；消却心中鄙吝，眼前時有月到風來。

塵緣割斷，煩惱從何處安身；世慮潛消，清虚向此中立脚。

市争利，朝争名，蓋棺日何物可殉蒿里；春賞花，秋賞月，荷鍤時此身常醉蓬萊。

駟馬難追，吾欲三緘其口；隙駒易過，人當寸惜乎陰。

萬分廉潔，止是小善；一點貪污，便爲大惡。

玄奇之疾，醫以平易；英發之疾，醫以深沉；闊大之疾，醫以充實。

纔舒放即當收斂，纔言語便思簡默。

貧不足羞，可羞是貧而無志；賤不足惡，可惡是賤而無能；老不足歎，可歎是老而虛生；死不足悲，可悲是死而無補。

身要嚴重，意要閑定，色要溫雅，氣要和平，語要簡徐，心要光明，量要闊大，志要果毅，機要縝密，事要妥當。

富貴家宜學寬，聰明人宜學厚。

休委罪於氣化，一切責之人事；休過望於世間，一切求之我身。

早知窮達有命，恨不十年讀書。

世人白晝寐語，苟能寐中作白晝語，可謂常惺惺矣。

觀世態之極幻，則浮雲轉有常情；咀世味之皆空，則流水翻多濃旨。

大凡聰明之人，極是誤事。何以故？惟聰明生意見，意見一生便不忍捨割。往往溺於愛河欲海者，皆極聰明之人。

是非不到釣魚處，榮辱常隨騎馬人。

名心未化，對妻孥亦自矜莊；隱衷釋然，即夢寐皆成清楚。

觀蘇季子以貧窮得志，則負郭二頃田，誤人實多；觀蘇季子以功名殺身，則武安六國印，害人亦不淺。

名利場中，難容伶俐；生死路上，正要糊塗。

一杯酒留萬世名，不如生前一杯酒，身行樂耳，遑恤其他。百年人做千年調，至今誰是百年人？一棺戢身，萬事都已。

郊野非葬人之處，樓臺是爲丘墓；邊塞非殺人之場，歌舞是爲刀兵。試觀羅綺紛紛，何异旌旗密密；聽管弦冗冗，何异松柏蕭蕭。葬王侯之骨，能消幾處樓臺；落壯士之頭，經得幾番歌舞。達者統視爲一觀，愚人妄指爲兩地。

節義傲青雲，文章高白雪。若不以德性陶鎔之，終爲血氣之私，技能之末。

我有功於人，不可念，而過則不可不念；人有恩於我，不可忘，而怨則不可不忘。

徑路窄處，留一步與人行；滋味濃的，減三分讓人嗜。此是涉世一極安樂法。

己情不可縱，當用逆之法制之，其道在一忍字；人情不可拂，當用順之法調之，其道在一恕字。

昨日之非不可留，留之則根燼復萌，而塵情終累乎理趣；今日之是不可執，執之則渣滓未化，而理趣反轉爲欲根。

文章不療山水癖，身心每被溪山縛。

醉古堂劍掃卷二

松陵陸紹珩湘客父選　溪于汝調鼎石臣父參
兄陸紹璉宗玉父閲　武水倪點曼青父

情

語云：當爲情死，不當爲情怨。明乎情者，原可死而不可怨者也。雖然，既云情矣，此身已爲情有，又何忍死耶？然不死終不透徹耳。韓翃之柳，崔護之花，漢宫之流葉，蜀女之飄梧，令後世有情之人咨嗟想慕，托之語言，寄之歌咏；而奴無昆崙，客無黄衫，知己無押衙，同志無虞侯，則雖盟在海棠，終是陌路蕭郎耳。湯若士有言：理之所必無，安知非情之所或有？又云：生生死死爲情，多情之極，欲生不得，欲死不得；可以生而死，可以死而生。如竟抛却青娥，厭厭一死，亦非情之至者矣。集情第二。

家勝陽臺，爲歡非夢；人慚蕭史，相偶成仙。輕扇初開，忻看笑靨；長眉始畫，愁對離妝。廣攝金屏，莫令愁擁；恒開錦幔，速望人歸。鏡臺新去，應餘落粉；熏爐未徙，定有餘烟。淚滴芳衾，錦花長濕；愁隨玉軫，琴鶴恒驚。錦水丹鱗，素書稀遠；玉山青鳥，仙使難通。彩筆試操，香箋遂滿；行雲可托，夢想還勞。九重千日，詎想倡家；單枕一宵，便如蕩子。當令照影雙來，一鸞羞鏡；勿使窺窗獨坐，嫦娥笑人。

幾條楊柳，沾來多少啼痕；三疊《陽關》，唱徹古今離恨。

世無花月美人，不願生此世界。

荀令君至人家，坐處常三日香。

罄南山之竹，寫意無窮；决東海之波，流情不盡。愁如雲而長聚，淚若水以難乾。

弄綠綺之琴，焉得文君之聽；濡彩毫之筆，難描京兆之眉。瞻雲望月，無非悽愴之聲；弄柳拈花，盡是銷魂之處。

悲火常燒心曲，愁雲頻壓眉尖。

五更三四點，點點生愁；一日十二時，時時寄恨。

燕約鶯期，變作鸞悲鳳泣；蜂媒蝶使，翻成綠慘紅愁。

花柳深藏淑女居，何殊弱水三千；雨雲不入襄王夢，空憶巫山十二。

枕邊夢去心亦去，醒後夢還心不還。

萬里關河，鴻雁來時悲信斷；滿腔愁緒，子規啼處憶人歸。

千疊雲山千疊愁，一天明月一天恨。

豈蔻不消心上恨，丁香空結雨中愁。

月色懸空，皎皎明明，偏自照人孤另；蛩聲泣露，啾啾唧唧，都來助我愁思。

慈悲筏，濟人出相思海；恩愛梯，接人下離恨天。

費長房，縮不盡相思地；女媧氏，補不完離恨天。

悲火燃心曲，愁霜壓鬢根。

孤燈夜雨，空把青年誤。樓外青山無數，隔不斷新愁來路。

黃葉無風自舞，秋雲不雨長陰。天若有情天亦老，搖搖幽恨難禁。惆悵舊人如夢，覺來無處追尋。

忠臣孝子，無非鍾情之至。

蛾眉未贖，謾勞桐葉寄相思；潮信難通，空向桃花尋往迹。

野花艷目，不必牡丹；村酒酣人，何須緑蟻。

琴罷輒舉酒，酒罷輒吟詩。三友遞相引，循環無已時。

阮籍鄰家少婦有美色，當壚沽酒。籍嘗詣飲，醉便卧其側。

隔簾聞墮釵聲而不動念者，此人不癡則慧。我幸在不癡不慧中。

與君一夕話，勝讀十年書。

桃葉題情，柳絲牽恨。胡天胡帝，登徒於焉怡目；爲雲爲雨，宋玉因而蕩心。輕泉刀若土壤，居然翠袖之朱家；重然諾如丘山，不添紅粧之季布。

蝴蝶長懸孤枕夢，鳳凰不上斷弦鳴。

吴妖小玉飛作烟，越艷西施化爲土。

妙唱非關舌，多情豈在腰。

孤鳴翺翔以不去，浮雲黯靄而荏苒。

楚王宫裏，無不推其細腰；魏國佳人，俱言訝其纖手。

傳鼓瑟於楊家，得吹簫於秦女。

春草碧色，春水緑波，送君南浦，傷如之何。

玉樹以珊瑚作枝，珠簾以玳瑁爲押。

東鄰巧笑，來侍寢於更衣；西子微顰，將横陳於甲帳。

騁纖腰於結風，奏新聲於度曲。妝嗚蟬之薄鬢，照墮馬之垂鬟。

金星與婺女争華，麝月共嫦娥競爽。驚鸞冶袖，時飄韓掾之香；飛燕長裾，宜結陳王之佩。

輕身無力，怯南陽之搗衣；生長深宫，笑扶風之織錦。

青牛帳裏，餘曲既終；朱鳥窗前，新妝已竟。

山河綿邈，粉黛若新。椒華沉彩，竟虚待月之簾；夸骨埋香，誰作雙鸞之霧。

蜀紙麝煤添筆媚，越甌犀液發茶香。風飄亂點更籌轉，拍送繁弦曲破長。

教移蘭燼頻羞影，自拭香湯更怕深。初似染花難抑按，終憂沃雪不勝任。豈知侍女簾幃外，剩取君王數餅金。

静中樓閣深春雨，遠處簾櫳半夜燈。

緑屏無睡秋分簟，紅葉傷時月午樓。

但覺夜深花有露，不知人靜月當樓。何郎燭暗誰能咏，韓壽香焦亦任偷。

閬苑有書多附鶴，女墻無樹不栖鸞。星沉海底當窗見，雨過河源隔座看。

風階拾葉，山人茶竈勞薪；月徑聚花，素士吟壇綺席。

當場笑語，盡如形骸外之好人；背地風波，誰是意氣中之烈士。

山翠撲簾，捲不起青葱一片；樹陰流徑，掃不開芳影幾重。

珠簾蔽月，翻窺窈窕之花；綺幔藏雲，恐礙扶疏之柳。

幽堂晝深，清風忽來好伴；虛窗夜朗，明月不減故人。

縱使女媧煉石，補不就離恨天；雖令司馬操觚，寫不盡相思字。

多恨賦花，風瓣亂侵筆墨；含情問柳，雨絲牽惹衣裾。

亭前楊柳，送盡到處游人；山下蘼蕪，知是何時歸路。

天涯浩緲，風飄四海之魂；塵土流離，灰染半生之劫。

蝶憩香風，尚多芳夢；鳥沾紅雨，不任嬌啼。

幽情化而石立，怨風結而塚青。千古空閨之感，頓令薄倖驚魂。

一片秋山，能療病容；半聲春鳥，偏喚愁人。

李太白酒聖，蔡文姬書仙，置之一時，絕妙佳偶。

華堂今日綺筵開，誰喚分司御史來。忽發狂言驚滿座，兩行紅粉一時回。

緣之所寄，一往而深。故人恩重，來燕子於雕梁；逸士情深，托鳧雛於春水。好夢難通，吹散巫山雲氣；仙緣未合，空探游女珠光。桃花水泛，曉妝宮裏膩胭脂；楊柳風多，墮馬結中摇翡翠。

對妝則色殊，比蘭則香越。泛明彩於宵波，飛澄華於曉月。

紛弱葉而凝照，競新藻而抽英。

手巾還欲燥，愁眉即使開。逆想行人至，迎前含笑來。

逶迤洞房，半入宵夢；窈窕閑館，方增客愁。

懸媚子於搔頭，拭釵梁於粉絮。

臨風弄笛，欄杆上桂影一輪；掃雪烹茶，籬落邊梅花數點。

銀燭輕彈，紅妝笑倚，人堪惜，情更堪惜；困雨花心，垂陰柳耳，客堪憐，春亦堪憐。

肝膽誰憐，形影自爲管鮑；唇齒相濟，天涯孰是窮交。興言及此，輒欲再廣絕交之論，重作署門之句。

燕市之醉泣，楚帳之悲歌，岐路之涕零，窮途之慟哭。每一退念及此，雖在千載以後，亦感慨而興嗟。

陌上繁華，兩岸春風輕柳絮；閨中寂寞，一窗夜雨瘦梨花。芳草歸遲，青驄別易，多情成戀，薄命何嗟。要亦人各有心，非關女德善怨。

山水花月之際，看美人更覺多韵。非美人借韵於山水花月也，山水花月直借美人生韵耳。

深花枝，淺花枝，深淺花枝相間時，花枝難似伊；巫山高，巫山低，暮雨瀟瀟郎不歸，空房獨守時。

青娥皓齒別吴倡，梅粉妝成半額黄。羅屏繡幔圍寒玉，帳裏吹笙學鳳凰。

初彈如珠後如縷，一聲兩聲落花雨。訴盡平生雲水心，盡是春花秋月語。

春嬌滿眼睡紅綃，掠削雲鬟旋妝束。飛上九天歌一聲，二十五郎吹管逐。

琵琶新曲，無待石崇；箜篌雜引，非因曹植。傳鼓瑟於楊家，得吹簫於秦女。

休文腰瘦，羞驚羅帶之頻寬；賈女容銷，懶照蛾眉之常鎖。

琉璃硯匣，終日隨身；翡翠筆床，無時離手。

清文滿篋，非惟芍藥之花；新製連篇，寧止葡萄之樹。

青牛帳裏，餘曲既終；朱鳥窗前，新妝已竟。

西蜀豪家，托情窮於魯殿；東臺甲館，流咏止於洞簫。

醉把杯酒，可以吞江南吴越之清風；拂劍長嘯，可以吸燕趙秦隴之勁氣。

林花翻灑，乍飄颺於蘭皋；山禽囀響，時弄聲於喬木。

長將姊妹叢中避，多愛湖山僻處行。

未知枕上曾逢女，可認眉尖與畫郎。

蘋風未冷催鴛別，沉檀合子留雙結。千縷愁絲只數圍，一片香痕纔半節。

那忍重看娃鬢緑，終期一遇客衫黄。

金錢賜侍兒，暗囑教休話。

薄霧幾層推月出，好山無數渡江來。輪將秋動蟲先覺，換得更深鳥越催。

花飛簾外憑箋訊，雨到窗前滴夢寒。

檣標遠漢，昔時魯氏之戈；帆影寒沙，此夜姜家之被。

填愁不滿吴娃井，剪紙空題蜀女祠。

良緣易合，紅葉亦可爲媒；知己難投，白璧未能獲主。

填平湘岸都栽竹，截住巫山不放雲。

鴨爲憐香死，鴛因泥睡癡。

紅印山痕春色微，珊瑚枕上見花飛。烟鬟潦亂香雲濕，疑向襄王夢裏歸。

零亂如珠爲點妝，素輝乘月濕衣裳。只愁天酒傾如斗，醉却環姿傍玉床。

有魂隨落葉，無骨鎖連鬟。

書題蜀紙愁難浣，雨歇巴山話亦陳。

盈盈相隔愁追隨，誰爲解語來香帷。

斜看兩鬟垂，儼似行雲嫁。

欲與梅花鬥寶妝，先開嬌艷逼寒香。只愁冰骨藏珠屋，不似紅衣待玉郎。

從教弄酒春衫涴，别有風流上眼波。

聽風聲以興思，聞鶴唳以動懷。企莊生之逍遥，慕尚子之清曠。

燈結細花成穗落，淚題愁字帶痕紅。

無端飲却相思水，不信相思想殺人。
漁舟唱晚，響窮彭蠡之濱；雁陣驚寒，聲斷衡陽之浦。
爽籟發而清風生，纖歌凝而白雲遏。
杏子輕紗初脱暖，梨花深院自多風。

醉古堂劍掃卷三

松陵陸紹珩湘客父選　溪于汝調鼎震生父參
兄陸紹璉宗玉父閱　武水倪煌令倩父

峭

今天下皆婦人矣。封疆縮其地，而中庭之歌舞猶喧；戰血枯其人，而滿座之貂貚自若。我輩書生，既無誅亂討賊之柄，而一片報國之忱，惟於寸楮隻字間見之，使天下之鬚眉而婦人者，亦聳然有起色。集峭第三。

忠孝吾家之寶，經史吾家之田。

閑到白頭真是拙，醉逢青眼不知狂。

興之所到，不妨嘔出驚人心；故不然，也須隨場作戲。

放得俗人心下，方可爲丈夫；放得丈夫心下，方名爲仙佛；放得仙佛心下，方名爲得道。

吟詩劣於講學，罵座惡於足恭。兩而揆之，寧爲薄行狂夫，不作厚顔君子。

觀人題壁，便識文章。

寧爲真士夫，不爲假道學。

寧爲蘭摧玉折，不作蕭敷艾榮。

隨口利牙，不顧天荒地老；翻腸倒肚，那管鬼哭神愁。

身世浮名，余以夢蝶視之，斷不受肉眼相看。

達人撒手懸崖，俗子沉身苦海。

銷骨口中，生出蓮花九品；鑠金舌上，容他鸚鵡千言。

少言語以當貴，多著述以當富，載清名以當車，咀英華以當肉。

竹外窺鶯，樹外窺水，峰外窺雲，難道我有意無意；鳥來窺人，月來窺酒，雪來窺書，却看他有情無情。

體裁如何，出月隱山；情景如何，落日映嶼；氣魄如何，收露斂色；議論如何，回飆拂渚。

有大通必有大塞，無奇遇必無奇窮。

霧滿楊溪，玄豹山間偕日月；雲飛翰苑，紫龍天外借風雷。

西山霽雪，東岳含烟。駕鳳橋以高飛，登雁塔而遠眺。

一失脚爲千古恨，再回頭是百年人。

居軒冕之中，不可無山林的氣味；處林泉之下，須要懷廊廟的經綸。

學者有段兢業的心思，又要有段瀟灑的趣味。

平民肯種德施惠，便是無位的卿相；仕夫徒貪權市寵，竟成有爵的乞人。

煩惱場空，身住清凉世界；營求念絶，心歸自在乾坤。

覷破興衰究竟，人我得失冰消；閱盡寂寞繁華，豪傑心腸灰冷。

名衲談禪，必執經升座，便減三分禪理。

窮通之境未遭，主持之局已定；老病之勢未催，生死之關先破。求之今世，誰堪語此？

一紙八行，不遇寒温之句；魚腹雁足，空有往來之煩。是以嵇康不作，嚴光口傳，豫章擲之水中，陳泰掛之壁上。

枝頭秋葉，將落猶然戀樹；簷前野鳥，除死方得離籠。人之處世，可憐如此。

士人有百折不回之真心，纔有萬變不窮之妙用。

立業建功，事事要從實地著脚，若少慕聲聞，便成僞果；講道修德，念念要從虛處立基，若稍計功效，便落塵情。

執拗者福輕，而圓融之人其祿必厚；操切者壽夭，而寬厚之士其年必長。故君子不言命，養性即所以立命；亦不言天，盡人自可以回天。

才智英敏者，宜以學問攝其躁；氣節激昂者，當以德性融其偏。

蒼蠅附驥，捷則捷矣，難辭處後之羞；蘿蔦依松，高則高矣，未免仰攀之耻。所以君子寧以風霜自挾，毋爲魚鳥親人。

伺察以爲明者，常因明而生暗，故君子以恬養智；奮迅以求速者，多因速而致遲，故君子以重持輕。

有面前之譽易，無背後之毁難；有乍交之歡易，無久處之厭難。

宇宙内事，要力擔當，又要善擺脱。不擔當，則無經世之事業；不擺脱，則無出世之襟期。

待人而留有餘不盡之恩，可以維繫無猒之人心；御事而留有餘不盡之智，可以堤防不測之事變。

無事如有事時堤防，可以彌意外之變；有事如無事時鎮定，可以銷局中之危。

愛是萬緣之根，當知割捨；識是衆欲之本，要力掃除。

舌存，常見齒亡，剛强終不勝柔弱；户朽，未聞樞蠹，偏執豈及圓融。

榮寵旁邊辱等待，不必揚揚；困窮背後福跟隨，何須戚戚。

看破有盡身軀，萬境之塵緣自息；悟入無懷境界，一輪之心月獨明。

霜天聞鶴唳，雪夜聽鷄鳴，得乾坤清絶之氣；晴空看鳥飛，活水觀魚戲，識宇宙活潑之機。

斜陽樹下，閑隨老衲清談；深雪堂中，戲與騷人白戰。

山月江烟，鐵笛數聲，便成清賞；天風海濤，扁舟一葉，大是奇觀。

秋風閉户，夜雨挑燈，卧讀《離騷》淚下；霽日尋芳，春宵載酒，閑歌《樂府》神怡。

雲水中載酒，松篁裏煎茶，豈必鑾坡侍宴；山林下著書，花鳥間得句，何須鳳沼揮毫。

人生不好古，象鼎犧樽變爲瓦缶；世道不憐才，鳳毛麟角化作灰塵。

要做男子，須負剛腸；欲學古人，當堅苦志。

風塵善病，伏枕處一片青山；歲月長吟，操觚時千篇白雪。

親兄弟析箸，璧合翻作瓜分；士大夫愛錢，書香化爲銅臭。

心爲形役，塵世馬牛；身被名牽，樊籠鷄鶩。

懶見俗人，權辭托病；怕逢塵事，詭迹逃禪。

人不通古今，襟裾馬牛；士不曉廉耻，衣冠狗彘。

道院吹笙，松風裊裊；空門洗鉢，花雨紛紛。

囊無阿堵物，豈便求人；盤有水晶鹽，猶堪留客。

種兩頃負郭田，量晴校雨；尋幾個知心友，弄月嘲風。

著屐登山，翠微中獨逢老衲；乘桴浮海，雪浪裏群傍閑鷗。

才士不妨泛駕，轅下駒吾弗願也；諍臣豈合摸棱，殿上虎君無尤焉。

荷錢榆莢，飛來都作青蚨；柔玉温香，觀想可成白骨。

旅館題蕉，一路留來魂夢譜；客途驚雁，半天寄落别離書。

歌兒帶烟霞之致，舞女具丘壑之資。生成世外風姿，不慣塵中物色。

今古文章，只在蘇東坡鼻端定優劣；一時人品，却從阮嗣宗眼内别雌黄。

魑魅滿前，笑著阮家《無鬼論》；炎囂閲世，愁披劉氏《北風圖》。

氣奪山川，色結烟霞。

詩思在灞陵橋上，微吟處，林岫便已浩然；野趣在鏡湖曲邊，獨往時，山川自相映發。

至音不合衆聽，故伯牙絶弦；至寶不同衆好，故卞和泣玉。

看文字，須如猛將用兵，直是鏖戰一陣；如酷吏治獄，直是推勘到底，決不恕他。

名山乏侣，不解壁上芒鞋；好景無詩，虚攜囊中錦字。

遼水無極，雁山參雲，閨中風暖，陌上草薰。

秋露如珠，秋月如珪；明月白露，光陰往來；與子之别，思心徘徊。

聲應氣求之夫，決不在於尋行數墨之士；風行水上之文，決不在於一字一句之奇。

奪他人之酒杯，澆自己之礧磈。

春至不知湘水深，日暮忘却巴陵道。

奇曲雅樂，所以禁淫也；錦繡黼黻，所以禦暴也。縟則太過，是以檀卿刺鄭聲，周人傷北里。

静若清夜之列宿，動若流彗之互奔。

振駿氣以擺雷，飛雄光以倒電。

停之如栖鵠，揮之如驚鴻；飄纓蕤於軒幌，發暉曜於群龍。

始緣甍而冒棟，終開簾而入隙；初便娟於墀廡，末縈盈於帷席。

雲氣蔭於叢蓍，金精養於秋菊。落葉半床，狂花滿屋。

雨送添硯之水，竹供掃榻之風。

血三年而藏碧，魂一變而成紅。

舉黄花而乘月艷，籠黛葉而捲雲翹。

垂綸簾外，疑鈎勢之重懸；透影窗中，若鏡光之開照。

叠輕蕊而矜暖，布重泥而訝濕。迹似連珠，形如聚粒。霽光分曉，出虚竇以雙飛；微陰合暝，舞低簷而并入。

何地無塵，但能不染，則山河大地盡爲清净道場。如必離境求清，安能三千外，更立法界？偈云：對色無色相，觀欲無欲意。蓮花不著水，清净超於彼。秋鳥弄春聲，音調未嘗有异；今人具古貌，氣色便爾不同。

滿腹有文難駡鬼，措身無地反憂天。

居傍嗚珂之里，生憎肉眼相形；時登樹幟之壇，最忌大言驚衆。

名病太高，才忌太露，自古爲然，於今爲甚。

讀書可以醫俗，作詩可以遣懷。有多讀書而莽然，多作詩而戚然者，將致疑於詩書，抑致疑於人世？

英雄未轉之雄圖，假糟丘爲霸業；風流不盡之餘韵，托花谷爲深山。

清襟凝遠，捲松江萬頃之秋；妙筆縱横，挽昆侖一峰之秀。讀此可以遣煩鬱之懷，潤枯澀之筆。

先儒有良心，在夜氣清明之候。予以真學問亦不越此時。

從議最宜婉轉，但忌隨波；發論定以主持，須戒偏執。

縱意之顰笑，成千古之憂；游口之春秋，中一生之毒。

才人經世，能人取世，曉人逢世，名人垂世，高人出世，達人玩世。

天下無不好諛之人，故諂之術不窮；世間盡是善毁之輩，故讒之路難塞。

任他極有見識，著得假認不得真；隨你極有聰明，賣得巧藏不得拙。

傷心之事，即懦夫亦動怒髮；快心之舉，雖愁人亦開笑顔。

論官府不如論帝王，以佐史臣之不逮；談閨閫不如談艷麗，以補風人之見遺。

是技皆可成名，天下唯無技之人最苦；片技即足自立，天下唯多技之人最勞。

傲骨、俠骨、媚骨，即枯骨可致千金；冷語、雋語、韵語，即片語亦重九鼎。

議生草莽無輕重，論到家庭無是非。

聖賢不白之衷，托之日月；天地不平之氣，托之風雷。

風流易蕩，佯狂易顛。

書載茂先三十乘，便可移家；囊無子美一文錢，儘堪結客。

有作用者，器宇定是不凡；有受用者，才情决然不露。

夫人有短，所以見長。

醉古堂劍掃卷四

松陵陸紹珩湘客父選　溪于汝調鼎石臣父
兄陸紹璉宗玉父閱　武水倪點曼青父　參

靈

天下有一言之微而千古如新，一字之義而百世如見者，安可泯滅之？故風雷雨露，天之靈；山川名物，地之靈；語言文字，人之靈。畢三才之用，無非一靈以神其間，而又何可泯滅之？集靈第四。

投刺空勞，原非生計；曳裾自屈，豈是交游。

事遇快意處當轉，言遇快意處當住。

儉爲賢德，不可著意求賢；貧是美稱，只是難居其美。

志要高華，趣要淡泊。

眼裏無點灰塵，方可讀書千卷；胸中没些渣滓，纔能處世一番。

眉上幾分愁，且去觀棋酌酒；心中多少樂，只來種竹澆花。

茅屋竹窗，貧中之趣，何須脚到李侯門；草書花帖，閑裏所需，直恁心游揚子宅。

好香用以熏德，好紙用以垂世，好筆用以生花，好墨用以焕采，好水用以洗心，好茶用以滌煩，好酒用以消憂。

聲色娱情，何若净几明窗，一坐息頃；利榮馳念，何若名山勝景，一登臨時。

竹籬茅舍，石屋花軒；松柏群吟，藤蘿翳景；流水繞户，飛泉掛簷；烟霞欲栖，林壑將瞑。中處野叟山翁四五，余以閑身，作此中主人。坐沉紅燭，看遍青山，消我情腸，任他冷眼。

問婦索釀，甕有新芻；呼童煮茶，門臨好客。

花前解珮，湖上停橈；弄月放歌，采蓮高醉；暗雲微裊，漁笛滄浪；華句一垂，江山共峙。

胸中有靈丹一粒，方能點化俗情，擺脱世故。

獨坐丹房，瀟然無事，烹茶一壺，燒香一炷，看《達磨面壁圖》。垂簾少頃，不覺心净神清，氣柔息定，濛濛然如混沌境界，意者揖達磨與之乘槎而見麻姑也。

無端妖冶，終成泉下骷髏；有分功名，自是夢中蝴蝶。

纍月獨處，一室蕭條，取雲霞爲伴侶，引青松爲心知。稚子老翁，閑中來過，濁酒一壺，蹲鴟一盂，相共開笑口，所談浮生閑話，絕不及市朝。客去關門，了無報謝。如是畢餘生足矣。

半塢白雲耕不盡，一潭明月釣無痕。

茅簷外，忽聞犬吠鷄鳴，恍似雲中世界；竹窗下，惟有蟬吟鴉噪，方知静裏乾坤。

如今休去便休去，若覓了時無了時。若能行樂，即今便好快活。身上無病，心上無事，春鳥是笙歌，春花是粉黛。閑得一刻，即爲一刻之樂，何必情欲乃爲樂耶？

開眼便覺天地闊，撾鼓非狂；林卧不知寒暑更，上床空算。

惟儉可以助廉，惟恕可以成德。

山澤未必有异士，异士未必在山澤。

業净六根成慧眼，身無一物到茅庵。

人生莫如閑，太閑反生惡業；人生莫如清，太清反類俗情。

不是一番寒徹骨，怎得梅花撲鼻香。念頭稍緩時，便宜莊誦一遍。

夢以昨日爲前身，可以今夕爲來世。

讀史要耐訛字，正如登山耐仄路，蹈雪耐危橋，閑居耐俗漢，看花耐惡酒，此方得力。

世外交情，惟山而已。須有大觀眼，濟勝具，久住緣，方許與之莫逆。

九山散樵迹，俗間徜徉自肆，遇佳山水處，盤礴箕踞，四顧無人，則劃然長嘯，聲振林木。有客造榻與語，對曰：「余方游華胥，接羲皇，未暇理君語。」客去留，蕭然不以爲意。

擇池納凉，不若先除熱惱；執鞭求富，何如急遣窮愁。

萬壑疏風清，兩耳聞世語，急須敲玉磬三聲；九天凉月凈，初心誦其經，勝似撞金鐘百下。

無事而憂，對景不樂，即自家亦不知是何緣故，這便是一座活地獄，更説甚麽銅床鐵柱，刀山劍樹也。

煩惱之場，何種不有，以法眼照之，奚啻蝸蹈空花。

上高山，入深林，窮回溪，幽泉怪石，無遠不到；到則拂草而坐，傾壺而醉；醉則更相枕藉以卧，意亦甚適，夢亦同趣。

閉門閲佛書，開門接佳客，出門尋山水，此人生三樂。

客散門扃，風微日落；碧月皎皎當空，花陰徐徐滿地。近簷鳥宿，遠寺鐘鳴；茶鐺初熟，酒甕乍開；不成八韵新詩，畢竟一個俗氣。

高品人胸中灑落，如光風霽月。

不作風波於世上，自無冰炭到胸中。

秋月當天，纖雲都净，露坐空闊去處，清光冷浸，此身如在水晶宫裏，令人心膽澄徹。

遺子黄金滿籯，不如教子一經。

凡醉各有所宜。醉花宜晝，襲其光也；醉雪宜夜，清其思也；醉得意宜唱，宣其和也；醉將離宜擊鉢，壯其神也；醉文人宜謹節奏，畏其侮也；醉俊人宜益觥盂加旗幟，助其怒也；醉樓宜暑，資其清也；醉水宜秋，泛其爽也。此皆審其宜，考其景，反此則失飲矣。

竹風一陣，飄颺茶竈疏烟；梅月半灣，掩映書窗殘雪。

厨冷分山翠，樓空入水烟。

閑疏滯葉通鄰水，擬典荒居作小山。

聰明而修潔，上帝固録清虚；文墨而貪殘，冥官不受詞賦。

破除煩惱，二更山寺木魚聲；見徹性靈，一點雲堂優鉢影。

興來醉倒落花前，天地即爲衾枕；機息坐忘磐石上，古今盡屬蜉蝣。

老樹著花，更覺生機鬱勃；秋禽弄舌，轉令幽興瀟疏。

完得心上之本來，方可言了心；盡得世間之常道，纔堪論出世。

雪後尋梅，霜前訪菊，雨際護蘭，風外聽竹，固野客之閑情，實文人之深趣。

結一草堂，南洞庭月，北蛾眉雪，東泰岱松，西瀟湘竹，中具晋高僧支法八尺沉香床，浴罷温泉，投床鼾睡。以此避暑，樂不樂也？

人有一字不識，而多詩意；一偈不參，而多禪意；一勺不濡，而多酒意；一石不曉，而多畫意。淡宕故也。

以看世人青白眼，轉而看書，則聖賢之真見識；以議論人雌黄口，轉而論史，則左狐之真是非。

事到全美處，怨我者不能開指摘之端；行到至污處，愛我者不能施掩護之法。

必出世者，方能入世，不則世緣易墮；必入世者，方能出世，不則空趣難持。

調性之法，急則佩韋，緩則佩弦；諧情之法，水則從舟，陸則從車。

才人之行多放，當以正斂之；正人之行多板，當以趣通之。

人有不及，可以情恕；非義相干，可以理遣。佩此兩言，足以游世。

冬起欲遲，夏起欲早；春睡欲足，午睡欲少。

無事當學白樂天之嗒然，有客宜仿李建勳之擊磬。

郊居，誅茅結屋，雲霞栖梁棟之間，竹樹在汀洲之外；與二三之同調，望衡對宇，聯接巷陌，風天雪夜，買酒相呼。此時覺麴生氣味，十倍市飲。

萬事皆易滿足，惟讀書終身無盡，人何不以不知足一念加之書？

閑非易事，須是胸中有靈丹一粒，方能點化俗情。

醉後輒作草書十數行，便覺酒氣拂拂，從十指出也。

書引藤爲架，人得薜作衣。

從江干溪畔，箕踞石上，聽水聲浩浩潺潺，粼粼冷冷，恰似一部天然之樂韵，疑有湘靈在水中鼓瑟也。

鴻中叠石，未論高下，但有木陰水氣，便自超絶。

段由夫攜瑟，就松風澗響之間，曰三者皆自然之聲，正合類聚。

高卧閑窗，緑陰清晝，天地何其寥廓也。

少學琴書，偶愛清净，開卷有得，便欣然忘食；見樹木交映，時鳥變聲，亦復歡然有喜。常言五六月，卧北窗下，遇凉風暫至，自謂羲皇上人。

空山聽雨，是人生如意事。聽雨必於空山破寺中，寒雨圍爐，可以燒敗葉，烹鮮笋。

鳥啼花落，欣然有會於心。遣小奴，挈瘿樽，酤白酒，釂一梨花瓷醆，急取詩卷，快讀一過以咽之，蕭然不知其在塵埃間也。

閉門即是深山，讀書隨處净土。

千岩競秀，萬壑争流，草木蒙籠其上，若雲興霞蔚。

從山陰道上行，山川自相映發，使人應接不暇。若秋冬之際，猶難爲懷。

欲見聖人氣象，須於自己胸中潔净時觀之。

執筆惟憑於手熟，爲文每事於口占。

箕踞於班竹林中，徙倚於青石几上，所有道笈梵書，或校讎四五字，或參諷一兩章。茶不甚精，壺亦不燥；香不甚良，灰亦不死。短琴無曲而有弦，長謳無腔而有音。激氣發於林樾，好風逆之水涯。若非羲皇以上，定亦稽阮兄弟之間。

讀書如服藥，藥多力自行。

聞人善則疑之，聞人惡則信之，此滿腔殺機也。

士君子盡心利濟，使海内少他不得，則天亦自然少他不得，即此便是立命。

讀書不獨變氣質，且能養精神，蓋理義收緝故也。

周旋人事後，當誦一部《清静經》；吊喪問疾後，當念一通《扯淡歌》。

卧石不嫌於斜，立石不嫌於細，倚石不嫌於薄，盆石不嫌於巧，山石不嫌於拙。

雨過生凉，境閑情適。鄰家笛韵與晴雲斷雨逐聽之，聲聲入肺腸。

不惜費，必至於空乏而求人；不受享，無怪乎守財而遺誚。

園亭若無一段山林景况，只以壯麗相炫，便覺俗氣撲人。

餐霞吸露，聊駐紅顔；弄月嘲風，閑銷白日。

清之品有五：睹標致發厭俗之心，見精潔動出塵之想，名曰清興。知蓄書史，能親筆硯，佈景物有趣，種花木有方，名曰清致。紙裹中窺錢，瓦瓶中藏粟，困頓於荒野，擯棄乎血屬，名曰清苦。指幽僻之耽，誇以爲高；好言動之异，標以爲放，名曰清狂。博極今古，適情泉石，文詞帶烟霞，行事絶塵俗，名曰清奇。

對棋不若觀棋，觀棋不若彈瑟，彈瑟不若聽琴。古云：「但識琴中趣，何勞弦上音。」斯言信然。

奕秋往矣，伯牙往矣，千百世之下，止存遺譜，似不能盡有益於人者。唯詩文字畫，足爲傳世之珍，垂名不朽。總之，身後名不若生前酒耳。

君子雖不過信人，君子斷不過疑人。

人只把不如我者較量，則自知足。

折膠鑠石，雖虋變於歲時；熱惱清凉，原只在於心境。所以佛國都無寒暑，仙都長似三春。

鳥栖高枝，彈射難加；魚潛深淵，網釣不及；士隱岩穴，禍患焉至。

於射而得楫讓，於碁而得征誅；於忙而得伊周，於閑而得巢許；於醉而得瞿曇，於病而得老莊，於飲食衣服、出作入息，而得孔子。

前人云：「晝短苦夜長，何不秉燭游？」不當草草看過。

優人代古人語，代古人笑，代古人憤，今文人爲文似之。優人登臺肖古人，下臺還優人，今文人爲文又似之。假令古人見今文人，當何如憤，何如笑，何如語？

看書只要理路通透，不可拘泥舊説，更不可附會新説。

簡傲不可謂高，謟諛不可謂謙，刻薄不可謂嚴明，闒茸不可謂寬大。

作詩能把眼前光景，胸中情趣，一筆寫出，便是作者，不必説唐説宋。

少年休笑老年顛，及到老時顛一般。只怕不到顛時老，老年何暇笑少年。

饑寒困苦，福將至已；飽飫宴游，禍將生焉。

打透生死關，生來也罷，死來也罷；參破名利場，得了也好，失了也好。

混迹塵中，高視物外；陶情杯酒，潛心篇咏；藏名一時，尚友千古。

癡矣狂客，酷好賓朋；賢哉細君，無違夫子。醉人盈座，簪裾半盡酒家；食客滿堂，瓶甕不離米肆。燈燭熒熒，且耽夜酌；爨烟寂寂，安問晨炊。生來不解攢眉，老去彌堪鼓腹。

皮囊速壞，神識常存，殺萬命以養皮囊，罪卒歸於神識；佛性無邊，經書有限，窮萬卷以求佛性，得不屬於經書。

人勝我無害，彼無蓄怨之心；我勝人非福，恐有不測之禍。

書屋前，列曲檻栽花，鑿方池浸月，引活水養魚；小窗下，焚[清]香讀《易》，設净几鼓琴，捲疏簾看鶴。

人人愛睡，知其味者甚鮮。睡則雙眼一合，百事俱忘，肢體皆適，塵勞盡消，即黄粱南柯，特餘事已耳。静修詩云：「書外論交睡最賢。」旨哉言也。

過分求福，適以速禍；安分遠禍，將自得福。

倚勢而凌人者，勢敗而人凌；恃財而侮人者，財散而人侮。

我争者，人必争，雖極力争之，未必得；我讓者，人必讓，雖極力讓之，未必失。

貧不能享客，而好客；老不能徇世，而好維世；窮不能買書，而好讀奇書。

滄海日，赤城霞，蛾眉雪，巫峽雲，洞庭月，彭蠡烟，瀟湘雨，廣陵濤，廬山瀑布，合宇宙奇觀，繪吾齋壁；少陵詩，摩詰畫，《左傳》文，馬遷《史》，薛濤箋，右軍帖，《南華經》，相如賦，屈子《離騷》，收古今絶藝，置我山窗。

偶飯淮陰，定萬古英雄之眼；醉題便殿，生千秋風雅之光。

清閑無事，坐卧隨心，雖粗衣淡食，自有一段真趣；紛擾不寧，憂患纏身，雖錦衣厚味，只覺萬狀愁苦。

我如爲善，雖一介寒士，有人服其德；我如爲惡，雖位極人臣，有人議其過。

讀理義書，學法帖字；澄心静坐，益友清談；小酌半醺，澆花種竹；聽琴玩鶴，焚香煮茶；泛舟觀山，寓意奕棋。雖有他樂，吾不易矣。

成名每在窮苦日，敗事多因得志時。

寵辱不驚，肝木自寧；動静以敬，心火自定；飲食有節，脾土不泄；調息寡言，肺金自全；怡神寡欲，腎水自足。

讓利精於取利，逃名巧於邀名。

彩筆描空，筆不落色，而空亦不受染；利刀割水，刀不損鍔，而水亦不留痕。

唾面自乾，婁師德不失爲雅量；睚眥必報，郭象玄未［免］爲禍胎。

天下可愛的人，都是可憐人；天下可惡的人，都是可惜人。

事業文章，隨身銷毁，而精神萬古如新；功名富貴，逐世轉移，而氣節千載一日。

讀書到快目處，起一切沉淪之色；說話到洞心處，破一切曖昧之私。

諂臣媚子，極天下聰穎之人；秉道嫉邪，作世間忠直之氣。

隱逸林中無榮辱，道義路上無炎涼。

名心未化，對妻孥亦自矜莊；隱衷釋然，即夢寐皆成清楚。

聞謗而怒者，讒之囮；見譽而喜者，佞之媒。

灘濁作畫，正如隔簾看月；隔水看花，意在遠近之間，亦文章法也。

藏錦於心，藏繡於口；藏珠玉於咳唾，藏珍奇於筆墨；得時則藏於册府，不得時則藏於名山。

讀一篇軒快之書，宛見山青水白；聽幾句伶俐之語，如看岳立川行。

讀書如竹外溪流，逌然而往；咏詩如蘋末風起，勃焉而揚。

子弟排場，有舉止而謝飛揚，難博纏頭之錦；主賓御席，務廉隅而少蘊藉，終成泥塑之人。

取凉於箑，不若清風之徐來；激水於槔，不若甘雨之時降。

有快捷之才，而無所建用，勢必乘憤激之處，一逞雄風；有縱横之論，而無所發明，勢必乘簧鼓之場，一泓餘力。

月榭憑欄，飛凌縹緲；雲房啓户，坐看氤氲。

發端無緒，歸結還自支離；入門一差，進步終成恍惚。

李納性辨急，酷尚奕棋，每下子，安詳極於寬緩。有時躁怒，家人輩則密以棋具陳於前，納睹便欣然改容，取子佈算，都忘其恚。

竹裹登樓，遠窺韵士，聆其談名理於坐上，而人我之相可忘；花間掃石，時候棋師，觀其應危劫於枰間，而勝負之機早決。

六經爲庖厨，百家爲异饌；三墳爲瑚璉，諸子爲鼓吹。自奉得無大奢，請客未必能享。

説得一句好言，此懷庶幾纔好；攬了一分閑事，此身永不得閑。

古人特愛松風，庭院皆植松，每聞其響，欣然往其下，曰：「此可浣盡十年塵胃。」

凡名易居，只有清名難居；凡福易享，只有清福難享。

賀蘭山外虚兮怨，無定河邊破鏡愁。

有書癖而無剪裁，徒號書厨；推名飲而少醖籍，終非名飲。

飛泉數點雨非雨，空翠幾重山又山。

夜者日之餘，雨者月之餘，冬者歲之餘。當此三餘，人事稍疏，政可一意問學。

樹影横床，詩思平凌枕外；雲華滿紙，字意隱躍筆先。

耳目寬則天地窄，争務短則日月長。

秋老洞庭，霜清彭澤。

聽静夜之鐘聲，唤醒夢中之夢；觀澄潭之月影，窺見身外之身。

事有急之不白者，寬之或自明，毋躁急以速其忿；人有操之不從者，［縱之］或自化，毋操切以益其頑。

士君子貧不能濟物者，遇人癡迷處，出一言提醒之；遇人急難處，出一言解救之，亦是無量功德。

處父兄骨肉之變，宜從容，不宜激烈；遇朋友交游之失，宜剴切，不宜優游。

問祖宗之德澤，吾身所享者，是當念其積纍之難；問子孫之福祉，吾身所貽者，是要思其傾覆之易。

韶光去矣，歎眼前歲月無多，可惜年華如疾馬；長嘯歸與，知身外功名是假，好將姓字任呼牛。

意慕古先，存古未敢反古；心持世外，厭世未能離世。

苦惱世上，度不盡許多癡迷漢，人對之腸熱，我對之心冷；嗜欲場中，喚不醒許多伶俐人，人對之心冷，我對之腸熱。

自古及今，山之勝多妙於天成，每壞於人造。

畫家之妙，皆在運筆之先，運思之際。一經點染，便減機神。

長於筆者，文章即如言語；長於舌者，言語即成文章。昔人謂「丹青乃無言之詩，詩句乃有言之畫」，余則欲丹青似詩，詩句無言，方許各臻妙境。

舞蝶游蜂，忙中之閑，閑中之忙；落花飛絮，景中之情，情中之景。

五夜鷄鳴，喚起窗前明月；一覺睡起，看破夢裏當年。

想到非非想，茫然天際白雲；明至無無明，渾矣臺中明月。

逃暑深林，南風逗樹；脱帽露頂，浮李沉瓜；火宅炎宮，蓮花忽迸。較之陶潛卧北窗下，自稱羲皇上人，此樂過半矣。

霜飛空而漫霧，雁照月而猜弦。

既景華而稠彩，亦密照而疏明；若春陽之揚藹，似秋漢之含星。

景澄則岩岫開鏡，風生則芳林流芬。

類君子之有道，入暗室而不欺；同至人之無迹，懷明義以應時。

一翻一覆兮如掌，一死一生兮如輪。

醉古堂劍掃卷五

松陵陸紹珩湘客父選
兄陸紹璉宗玉父閱

素

袁石公云：「長安風雪夜，古廟冷鋪中，乞兒丐僧，齁齁如雷吼，而白髭老貴人，擁錦下帷，求一合眼不得。嗚呼！松間明月，檻外青山，未嘗拒人，而人人自拒者何哉？」集素第五。

田園有真樂，不瀟灑終爲忙人；誦讀有真趣，不玩味終爲鄙夫；山水有真賞，不領會終爲漫游；吟咏有真得，不解脱終爲套語。

居處寄吾生，但得其地，不在高廣；衣服被吾體，但順其時，不在紈綺；飲食充吾腹，但適其可，不在膏粱；宴樂修吾好，但致其誠，不在浮靡。

披卷有餘閑，留客坐殘良夜月；褰帷無别務，呼童耕破遠山雲。

琴觴自對，鹿豕爲群；任彼世態之炎凉，從他人情之反覆。

家居苦事物之擾，惟田舍園亭，别是一番活計，焚香煮茗，把酒吟詩，不許胸中生冰炭；客寓多風雨之懷，獨禪林道院，轉添幾種生機，染翰揮毫，翻經問偈，肯教眼底逐風塵？

茅齋獨坐茶頻煮，七碗後，氣爽神清；竹榻斜眠書謾抛，一枕餘，心閑夢穩。

帶雨有時種竹，關門無事鋤花；拈筆閑删舊句，汲泉幾試新茶。

余嘗净一室，置一几，陳幾種快意書，放一本舊法帖，古鼎焚香，素麈揮塵，意思小倦，暫休竹榻。餉時而起，則啜苦茗，信手寫漢書幾行，隨意觀古畫數幅。心目間，覺灑灑靈空，面上俗塵，當亦撲去三寸。

但看花開落，不言人是非。

莫戀浮名，夢幻泡影有限；且尋樂事，風花雪月無窮。

白雲在天，明月在地，焚香煮茗，閲偈翻經，俗念都捐，塵心頓盡。

暑中嘗默坐，澄心閉目作水觀，久之覺肌髮灑灑，几閣間似有爽氣。

胸中只擺脱一戀字，便十分爽净，十分自在。人生最苦處，只是此心，沾泥帶水，明是知得，不能割斷耳。

無事以當貴，早寢以當富，安步以當車，晚食以當肉。此巧於處窮矣。

三月茶笋初肥，梅風未困；九月蒓鱸正美，秫酒新香。勝客晴窗，出古人法書名畫，焚香評賞，無過此時。

高枕丘中，逃名世外，耕稼以輸王税，采樵以奉親顔；新穀既升，田家大洽，肥羜烹以享神，枯魚燔而召友；蓑笠在户，桔槔空懸，濁醪相命，擊缶長歌，野人之樂足矣。

爲市井草莽之臣，早輸國課；作泉石烟霞之主，日遠俗情。

覆雨翻雲何險也，論人情，只合杜門；吟風弄月忽頽然，全天真，且須對酒。

春初玉樹參差，冰花錯落，瓊臺奇望，恍坐玄圃，羅浮若非。黄昏月下，攜尊吟賞，則暗香浮動、疏影横斜之趣，何能真實際。

性不堪虚，天淵亦受鳶魚之擾；心能會境，風塵還結烟霞之娱。

身外有身，捉麈尾矢口閑談，真如畫餅；竅中有竅，向蒲團回心究竟，方是力田。

山中有三樂。薜荔可衣，不羨繡裳；蕨薇可食，不貪粱肉；箕踞散髮，可以逍遥。

終南當户，鷄峰如碧笋左簇，退食時秀色紛墮盤几，山泉繞窗入厨，孤枕夢回，驚聞雨聲也。

世上有一種癡人，所食閑茶冷飯，何名高致？

桑林麥隴，高下競秀，風摇碧浪層層，雨過緑雲繞繞。雉雊春陽，鳩呼朝雨，竹籬茅舍，間以紅桃白李，燕紫鶯黄，寓目色相，自多村家閑逸之想，令人便忘艷俗。

雲生滿谷，月照長空，洗足收衣，正是宴安時節。

眉公居山中，有客問山中何景最奇，曰：「雨後露前，花朝雪夜。」又問何事最奇，曰：「釣因鶴守，果遣猿收。」

古今我愛陶元亮，鄉里人稱馬少游。

嗜酒好睡，往往閉門；俯仰進趨，隨意所在。

霜水澄定，凡懸崖峭壁，古木垂蘿，與片雲纖月，一山映在波中。策杖臨之，心境俱清絶。

親不擡飯，雖大賓不宰牲；匪直戒奢，侈而可久，亦將免煩勞以安身。

饑生陽火煉陰精，食飽傷神氣不升。

心苟無事，則息自調；念苟無欲，則中自守。

文章之妙，語快令人舞，語悲令人泣，語幽令人冷，語憐令人惜，語險令人危，語慎令人密，語怒令人按劍，語激令人投筆，語高令人入雲，語低令人下石。

溪響松聲，清聽自遠；竹冠蘭佩，物色俱閑。

鄙吝一銷，白雲亦可贈客；渣滓盡化，明月自來照人。

存心有意無意之間，微雲淡河漢；應世不即不離之法，疏雨滴梧桐。

肝膽相照，欲與天下共分秋月；意氣相許，欲與天下共坐春風。

堂中設木榻四，素屏二，古琴一張，儒道佛書各數卷。樂天既來爲主，仰觀山，俯聽水，傍睨竹樹雲石，自辰及酉，應接不暇。俄而物誘氣隨，外適内和，一宿體寧，再宿心恬，三宿後頹然嗒然，不知其然而然。

偶坐蒲團，紙窗上月光漸滿，樹影參差，所見非空非色，此時雖名衲敲門，山童且勿報也。

會心處不必在遠，翳然林水，便自有濠濮間想，不覺鳥獸禽魚，自來親人。

茶欲白，墨欲黑；茶欲重，墨欲輕；茶欲新，墨欲陳。

馥噴五木之香，色冷冰蠶之錦。

築風臺以思避，構仙閣而入圓。

客過草堂，問：「何感慨而甘栖遯？」余倦於對，但拈古句答曰：「得閑多事外，知足少年中。」問：「是何功課？」曰：「種花春掃雪，看録夜焚香。」問：「是何利養？」曰：「硯田無惡歲，酒谷有長春。」問：「是何還往？」曰：「有客來相訪，通名是伏羲。」

山居勝於城市，蓋有八德：不責苛禮，不見生客，不混酒肉，不競田産，不聞炎凉，不鬧曲直，不徵文逋，不談士籍。

筆之壽日，墨之壽月，硯之壽世。

采茶欲精，藏茶欲燥，烹茶欲潔。

茶見日而味奪，墨見日而色灰。

磨墨如病兒，把筆如壯夫。

園中不能辨奇花异石，惟一片樹陰，半庭蘚迹，差可會心忘形。友來或促膝劇論，或鼓掌歡笑，或彼談我聽，或彼默我喧，而賓主兩忘。

塵緣割斷，煩惱從何處安身；世慮潛消，清虛向此中立脚。

簷前緑蕉黄葵，老少葉，鷄冠花，佈滿階砌。移榻對之，或枕石高眠，或捉塵清話。門外車馬之塵滾滾，了不相關。

夜寒坐小室中，擁爐閑話，渴則敲冰煮茗，饑則撥火煨芋。

阿衡五就，那如莘野躬耕；諸葛七擒，争似南陽抱膝。

飯後黑甜，日中薄醉，别是洞天；茶鐺酒臼，輕案繩床，尋常福地。

翠竹碧梧，高僧對奕；蒼苔紅葉，童子煎茶。

久坐神疲，焚香仰卧，偶得佳句，即令毛穎君就枕掌記，不則展轉失去。

和雪嚼梅花，羨道人之鐵脚；燒丹染香履，稱先生之醉吟。

燈下玩花，簾内看月，雨後觀景，醉裏題詩，夢中聞書聲，皆有别趣。

王思遠掃客坐留，不若杜門；孫仲益浮白俗談，足當洗耳。

鐵笛吹殘，長嘯數聲，空山答響；胡麻飯罷，高眠一覺，茂樹屯陰。

編茅爲屋，叠石爲階，何處風塵可到；據梧而吟，烹茶而語，此中幽興偏長。

皂囊白簡，被人描盡半生；黄帽青鞋，任我逍遥一世。

清閑之人，不可惰其四肢，又須以閑人做閑事：臨古人帖，温昔年書；拂几微塵，洗硯宿墨；灌園中花，掃林中葉。覺體少倦，放身匡床上，暫息半晌可也。

待客當潔不當侈，無論不能繼，亦非所以惜福。

葆真莫如少思，寡過莫如省事；善應莫如收心，解謬莫如澹志。

世味濃，不求忙而忙自至；世味淡，不偷閑而閑自來。

盤餐一菜，永絶腥膻，飯僧宴客，何煩六甲行厨；茆屋三楹，僅蔽風雨，掃地焚香，安用數童縛帚。

以儉勝貧，貧忘；以施代侈，侈化；以省去累，累消；以逆煉心，心定。

净几明窗，一軸畫，一囊琴，一隻鶴，一甌茶，一爐香，一部法帖；小園幽徑，幾叢花，幾群鳥，幾區亭，幾拳石，幾池水，幾片閑雲。

花前無燭，松葉堪燃；石畔欲眠，琴囊可枕。

流年不復記，但見花開爲春，花落爲秋；終歲無所營，惟知日出而作，日入而息。

脱巾露頂，斑文竹籜之冠；倚枕焚香，半臂華山之服。

穀雨前後，爲和凝湯社，雙井白茅，湖州紫筍，掃臼滌鐺，徵泉選火。以王濛爲品司，盧仝爲執權，李贊皇爲博士，陸鴻漸爲都統，聊消渴吻，敢諱水淫，差取嬰湯，以供茗戰。

窗前落月，户外垂蘿；石畔草根，橋頭樹影。可立可卧，可坐可吟。

褻狎易契，日流於放蕩；莊厲難親，日進於規矩。

甜苦備嘗，好丢手，世味渾如嚼蠟；生死事大，急回頭，年光疾於跳丸。

若富貴貧窮，由我力取，則造物無權；若毁譽嗔喜，隨人脚根，則讒夫得志。

清事不可著迹。若衣冠必求奇古，器用必求精良，飲食必求异巧，此乃清中之濁，吾以爲清事之一蠹。

吾之一身，常有少不同壯，壯不同老；吾之身後，焉有子能肖父，孫能肖祖？如此期，必盡屬妄想，所可盡者，惟留好樣與兒孫而已。

若想錢而錢來，何故不想；若愁米而米至，人固當愁。曉起依舊貧窮，夜來徒多煩惱。

半窗一几，遠興閑思，天地何其寥闊也；清晨端起，亭午高眠，胸襟何其洗滌也。

行合道義，不卜自吉；行悖道義，縱卜亦凶。人當自卜，不必問卜。

奔走於權倖之門，自視不勝其榮，人竊以爲辱；經營於利名之場，操心不勝其苦，己反以爲樂。

宇宙以來有治世法，有傲世法，有維世法，有出世法，有垂世法。唐虞垂衣，商周秉鉞，是謂治世；巢父洗耳，褒公瞋目，是謂傲世；首陽輕周，桐江重漢，是謂維世；青牛度關，白鶴翔雲，是謂出世；若乃魯儒一人，鄒傳七篇，始謂垂世。

書室中修行法：心閑手懶，則觀法帖，以其可逐字放置也；手閑心懶，則治迂事，以其可作可止也；心手俱閑，則寫字作詩文，以其可以兼濟也；心手俱懶，則坐睡，以其不强役於神也；心不甚定，宜看詩及雜短故事，以其易於見意，不滯於久也；心閑無事，宜看長篇文字，或經注，或史傳，或古人文集，此又甚宜於風雨之際及寒夜也。又曰：「手冗心閑則思；心冗手閑則卧；心手俱閑則著作書字；心手俱冗則思早畢其事，以寧吾神。」

片時清暢即享片時，半景幽雅即娱半景，不必更起姑待之心。

一室經行，賢於九衢奔走；六時禮佛，清於五夜朝天。

會意不求多，數幅晴光摩詰畫；知心能有幾，百篇野趣少陵詩。

醇醪百斛，不如一味太和之湯；良藥千包，不如一服清凉之散。

閑暇時，取古人快意文章，朗朗讀之，則心神超逸，鬚眉開張。

修净土者，自净其心，方寸居然蓮界；學禪坐者，達禪之理，大地盡作蒲團。

衡門之下，有琴有書，載彈載咏，爰得我娱；豈無他好，樂是幽居，朝爲灌園，夕偃蓬廬。

因葺舊廬，疏渠引泉，周以花木，我吟於其間；故人過逢，瀹茗奕棋，杯酒淋浪，殆非塵中物也。

逢人不説人間事，便是人間無事人。

閑居之趣，快活有五。不與交接，免拜送之禮，一也；終日可觀書鼓琴，二也；睡起隨意，無有拘礙，三也；不聞炎凉囂雜，四也；能課子耕讀，五也。

雖無絲竹管弦之盛，一觴一咏，亦足以暢叙幽情。

獨卧林泉，曠然自適，無利無營，少思寡欲，修身出世法也。

茅屋三間，木榻一枕，燒清香，啜苦茗，讀數行書，懶倦便高卧松梧之下，或科頭行吟。日常以苦茗代肉食，以松石代珍奇，以琴書代益友，以著述代功業，此亦樂事。

挾懷樸素，不樂權榮；栖遲僻陋，忽略利名；葆守恬淡，希時安寧；晏然閑居，時撫瑶琴。

人生自古七十少，前除幼年後除老。中間光景不多時，又有陰晴與煩惱。到了中秋月倍明，到了清明花更好。花前月下得高歌，急須漫把金樽倒。世上財多賺不盡，朝裏官多做不了。官大錢多心轉勞，落得自家頭白早。請君細看眼前人，年年一分埋青草。草裏多多少少墳，一年一半無人掃。

饑乃加餐，菜食美於珍味；倦然後卧，草薦勝似重裀。

流水相忘游魚，游魚相忘流水，即此便是天機；太空不礙浮雲，浮雲不礙太空，何處别有佛性？

丹山碧水之鄉，月澗雲龕之品，滌煩消渴，功誠不在芝术下。

頗懷古人之風，愧無素屏之賜，則青山白雲，何在非我枕屏。

江山風月，本無常主，閑者便是主人。

入室許清風，對飲惟明月。

被衲持鉢，作髮僧行徑，以鷄盟當檀越，以枯管當筇杖，以飦顆當祇園，以岩雲野鶴當伴侣，以背錦奚奴當行脚頭陀，往探六六奇峰、三三曲水。

山房蓄一鐘，每於清晨良宵之下，用以節歌，令人朝夕薰心，動念和平。李禿謂：「有雜念，一擊遂忘；有愁思，一撞遂掃。」知音哉！

潭澗之間，清流注瀉，千岩競秀，萬壑争流，却自胸無宿物，漱清流，令人濯濯，清虚日來，非惟使人情開滌，可謂一往有深情。

林泉之滸，風飄萬點，清露晨流，新桐初引，蕭然無事，閑掃落花，足散人懷。

浮雲出岫，絶壁天懸，日月清朗，不無微雲點綴。看雲飛軒軒霞舉，踞胡床與友人咏謔，不復滓穢太清。

山房之磬，雖非緑玉，沉明清輕之韵，儘可節清歌、清俗耳。

山居之樂，頗愜冷趣，煨落葉爲紅爐，况負暄於岩户。土鼓催梅，荻灰暖地，雖潛凛以蕭索，見素柯之凌歲。同雲不流，舞雪如醉，野因曠而冷舒，山以静而不晦。枯魚在懸，濁酒已注，朋徒我從，寒盟可固，不驚歲暮於天涯，即是挾纊於孤嶼。

步障錦千重，氍毹紫萬疊，何似編葉成幃，聚茵爲褥？

綠陰流影清入神，香氣氤氳徹人骨。坐來天地一時寬，閑放風流享清福。

郊中野坐，固可班荆；徑裏閑談，最宜拂石。侵雲烟而獨冷，移開清嘯胡床；藉草木以成幽，撤去莊嚴蓮座。況乃枕琴夜奏，逸韵更揚；置局午敲，清聲甚遠。洵幽栖之勝事，野客之虚位也。

與梅共色，與月爲隣。

飲酒不可認真，認真則大醉，大醉則神魂昏亂。在書爲沉湎，在詩爲童羖，在禮爲豢豕，在史爲狂藥。何如但取半酣，與風月爲侣？

家鴛鴦湖濱，饒蒹葭鳧鷖、水月澹蕩之觀。客嘯漁歌，風帆烟艇，虛無出没，半落几上，呼野衲而泛斜陽，無過此矣！

送春而血淚滿山，悲秋而紅顔慘目。

翠羽欲流，碧雲爲颺。

雨後捲簾看霽色，却疑苔影上花來。

月夜焚香，古桐三弄，便覺萬慮都忘，妄想盡絶。試思香是何味，烟是何色，穿窗之白是何影，指下之餘是何音，恬然樂之而悠然忘之者是何趣，不可思量處是何境？

貝葉之歌無礙，蓮花之心不染。

河邊共指星爲客，花裏空瞻月是鄉。

人之交友，不出趣味兩字，有以趣勝者，有以味勝者。然寧饒於味，而無寧饒於趣。

守恬淡以養道，處卑下以養德，去嗔怒以養性，薄滋味以養氣。

吾本薄福人，宜行惜福事；吾本薄德人，宜行厚德事。

知天地皆逆旅，不必更求順境；視衆生皆眷屬，所以轉成冤家。

只宜於著意處寫意，不可向真景處點景。

只愁名字有人知，澗邊幽草；若問清盟誰可托，沙上閑鷗。

山童率草木之性，與鶴同眠；奚奴領歌咏之情，撿韵而至。

閉户讀書，絶勝入山修道；逢人説法，全輸兀坐捫心。

硯田登大有，雖千倉珠粟，不輸兩税之徵；文錦運機杼，縱萬軸龍文，不犯九重之禁。

步明月於天衢，覽錦雲於江閣。

幽人清課，詎但啜茗焚香；雅士高盟，不在題詩揮翰。

以養花之情自養，則風情日閑；以調鶴之性自調，則真性自美。

熱湯如沸，茶不勝酒；幽韻如雲，酒不勝茶。酒類俠，茶類隱。酒固道廣，茶亦德素。

老去自覺萬緣都盡，那管人是人非；春來尚有一事關心，只在花開花謝。

是非場裏，出入逍遥；順逆境中，縱横自在。竹密何妨水過，山高不礙雲飛。

口中不設雌黄，眉端不掛煩惱，可稱烟火神仙；隨意而栽花柳，適性以養禽魚，此是山林經濟。

午睡欲來，頹然自廢，身世庶幾渾忘；晚炊既收，寂然無營，烟火聽其更舉。

花開花落春不管，拂意事休對人言；水暖水寒魚自知，會心處還期獨賞。

心地上無風濤，隨在皆青山緑水；性天中有化育，觸處見魚躍鳶飛。

寵辱不驚，閑看庭前花開花落；去留無意，漫隨天外雲捲雲舒。

斗室中萬慮都捐，説甚畫棟飛雲，珠簾捲雨；三杯後一真自得，惟知素琴横月，短笛吟風。

得趣不在多，盆池拳石間，烟霞共足；會景不在遠，蓬窗竹屋下，風月自賒。

會得個中趣，五湖之烟月盡入寸衷；破得眼前機，千古之英雄都歸掌握。

細雨閑開卷，微風獨弄琴。

水流任意境常静，花落雖頻意自閑。

殘曛供白醉，傲他附熱之蛾；一枕餘黑甜，輸却分香之蝶。

閑爲水竹雲山主，静得風花雪月權。

半幅花箋入手，剪裁就臘雪春冰；一條竹杖隨身，收拾盡燕雲楚水。

心與竹俱空，問是非何處安覺；貌偕松共瘦，知憂喜無由上眉。

芳菲林圃看蜂忙，覷破幾多塵情世態；寂寞衡茅觀燕寢，發起一種冷趣幽思。

何地非真境？何物非真機？芳園半畝，便是舊金谷；流水一灣，便是小桃源。

林中野鳥數聲，便是一部清鼓吹；溪上閑雲幾片，便是一幅真畫圖。

人在病中，百念灰冷，雖有富貴，欲享不可，反羡貧賤而健者。是故人能於無事時常作病想，一切名利之心，自然掃去。

竹影入簾，蕉陰蔭檻，取蒲團一卧，不知身在冰壺鮫室。

萬壑松濤，喬柯飛穎，風來鼓颶，謖謖有秋江八月聲，迢遞幽岩之下，披襟當之，不知是羲皇上人。

霜降木落時，入疏林深處，坐樹根上，飄飄葉點衣袖，而野鳥從樹梢飛來窺人。荒凉之地，殊有清曠之致。

明窗之下，羅列圖史琴尊以自娛。有興則泛小舟，吟嘯覽古於江山之間。渚茶野釀，足以銷憂；蒓鱸稻蟹，足以適口。又多高僧隱士，佛廬勝地。家有園林，珍花奇石，曲沼高臺，魚鳥流連，不覺日暮。

山中蒔花種草，足以自娛，而地樸人荒，泉石都無，絲竹絶響，奇士雅客亦不復過，未免寂寞度日。然泉石以水竹代，絲竹以鶯舌蛙吹代，奇士雅客以蠹簡代，亦略相當。

閑中覓伴書爲上，身外無求睡最安。

栽花種竹，未必果出閑人；對酒當歌，難道便稱俠士？

虛堂留燭，抄書尚存老眼；有客到門，揮麈但説青山。

千人亦見，百人亦見，斯爲拔萃出類之英雄；三日不舉火，十年不製衣，殆是樂道安貧之賢士。

帝子之望巫陽，遠山過雨；王孫之別南浦，芳草連天。

室距桃源，晨夕恒滋蘭茝；門開杜徑，往來惟有羊裘。

枕長林而披史，松子爲餐；入豐草以投閑，蒲根可服。

一泓溪水柳分開，盡道清虛攪破；三月林光花帶去，莫言香粉消殘。

荆扉晝掩，閑庭宴然，行雲流水襟懷；隱不違親，貞不絶俗，太山喬岳氣象。

窗前獨榻頻移，爲親夜月；壁上一琴常掛，時拂天風。

蕭齋香爐經卷，酒器俱捐；北窗石枕松風，茶鐺將沸。

明月可人，清風披座，班荆問水，天涯韵士高人；下箸佐觴，品外澗毛溪蔌，主之榮也。高軒寒户，肥馬嘶門，命酒呼茶，聲勢驚神震鬼；疊筵纍几，珍奇罄地窮天，客之辱也。

賀函伯坐徑山竹裏，鬚眉皆碧；王長公龕杜鵑樓下，雲母都紅。

坐茂樹以終日，濯清流以自潔。采於山，美可茹；釣於水，鮮可食。

年年落第，春風徒泣於遷鶯；處處羈游，夜雨空悲於斷雁。

金壺霏潤，瑶管春容。

菜甲初長，過於酥酪，寒雨之夕，呼童摘取，佐酒夜談，嗅其清馥之氣，可滌胸中柴棘，何必純灰三斛！

暖風春座酒，細雨夜窗棋。

秋冬之交，夜靜獨坐，每聞風雨瀟瀟，既凄然可愁，亦復悠然可喜。至酒醒燈昏之際，尤難爲懷。

長亭烟柳，白髮猶勞，奔走可憐名利客；野店溪雲，紅塵不到，逍遥時有牧樵人。

天之賦命實同，人之自取則异。

富貴大是能俗人之物，使吾輩當之，自可不俗；然有此不俗胸襟，自可不富貴矣。

風起思蒓，張季鷹之胸懷落落；春回到柳，陶淵明之興致翩翩。然此二人者，薄宦投簪，吾猶嗟其太晚。

黄花紅樹，春不如秋；白雲青松，冬亦勝夏。春夏園林，秋冬山谷，一心無累，四季良辰。

聽牧唱樵歌，洗盡五年塵土腸胃；奏繁弦急管，何如一派山水清音。

孑然一身，蕭然四壁，有識者當此，雖未免以冷淡成愁，斷不以寂寞生悔。

從五更枕席上參勘心體，氣未動，情未萌，纔見本來面目；嚮三時飲食中暗練世味，濃不欣，淡不厭，方爲切實功夫。

瓦枕石榻，得趣處下界有仙；木食草衣，隨緣時西方無佛。

當樂境而不能享者，畢竟是薄福之人；當苦境而反覺甘者，方纔是真修之士。

半輪新月數竿竹，千帖殘書一盞茶。

偶向水村江郭，放不繫之舟；還從沙岸草橋，吹無孔之笛。

物情以常無事爲歡顏，世態以善托故爲巧術。

善救時，若和風之消酷暑；能脱俗，似淡月之映輕雲。

廉所以懲貪，我果不貪，何必標一廉名，以來貪夫之側目；讓所以息争，我果不争，又何必立一讓的，以致暴客之彎弓。

曲高每生寡和之嫌，歌唱須求同調；眉修多取入宫之妒，梳洗切莫傾城。

隨緣便是遣緣，似舞蝶與飛花共適；順事自然無事，若滿月偕盂水同圓。

耳根似飆谷投響，過而不留，則是非俱謝；心境如月池浸色，空而不著，則物我兩忘。

能於熱地思冷，則一世不受凄凉；能於淡處求濃，則終身不落枯槁。

心事無不可對人語，則夢寐俱清；行事無不可使人見，則飲食俱穩。

醉古堂劍掃卷六

松陵陸紹珩湘客父選
兄陸紹璉宗玉父閲

景

結廬松竹之間，閑雲封户；徙倚青林之下，花瓣沾衣。芳草盈階，茶烟幾縷；春光滿眼，黄鳥一聲。此時可以詩，可以畫，而正恐詩不盡言，畫不盡意。而高人韵士，能以片言數語盡之者，則謂之詩可，則謂之畫可，則謂高人韵士之詩畫亦無不可。集景第六。

垂柳小橋，紙窗竹屋，焚香燕坐，手握道書一卷。客來則尋常茶具，本色清言，日暮則歸，不知馬蹄爲何物。

花關曲折，雲來不認灣頭；草徑幽深，落葉但敲門扇。

細草微風，兩岸晚山迎短棹；垂楊殘月，一江春水送行舟。

草色伴河橋，錦纜曉牽三竺雨；花陰連野寺，布帆晴掛六橋烟。

閑步畎畝間，垂柳飄風，新秧翻浪。耕夫荷農器，長歌相應；牧童稚子，倒騎牛背，短笛無腔，吹之不休，大有野趣。

夜闌人靜，攜一小童立於清溪之畔，孤鶴忽唳，魚躍有聲，清入肌骨。

門内有徑，徑欲曲；徑轉有屏，屏欲小；屏進有階，階欲平；階畔有花，花欲鮮；花外有牆，牆欲低；牆内有松，松欲古；松底有石，石欲怪；石面有亭，亭欲樸；亭後有竹，竹欲疏；竹盡有室，室欲幽；室旁有路，路欲分；路合有橋，橋欲危；橋邊有樹，樹欲高；樹陰有草，草欲青；草上有渠，渠欲細；渠引有泉，泉欲瀑；泉去有山，山欲深；山下有屋，屋欲方；屋角有圃，圃欲寬；圃中有鶴，鶴欲舞；鶴報有客，客欲不俗；客至有酒，酒欲不却；酒行有醉，醉欲不歸。

清晨林鳥争鳴，唤醒一枕春夢。獨黄鸝百舌，抑揚高下，最可人意。

高峰入雲，清流見底。兩岸石壁，五色交輝，青林翠竹，四時俱備。曉霧將歇，猿鳥亂鳴；日夕欲頹，沉鱗競躍。實欲界之仙都，自康樂以來，未有能與其奇者。

曲徑烟深，路接杏花酒舍；澄江日落，門通楊柳漁家。

長松怪石，去墟落不下一二十里。鳥徑緣崖，涉水於草莽間。數四左右，兩三家相望，鷄犬之聲相聞。竹籬草舍，燕處其間，蘭菊藝之，臨水時種桃梅。霜月春風，日自有餘思。兒童婢僕皆布衣短褐，以給薪水，釀村酒而飲之。案有詩書、莊周、《太玄》、《楚辭》、《黄庭》、《陰符》、《楞嚴》、《圓覺》數十卷而已。杖藜躡屐，往來窮谷大川，聽流水，看激湍，鑒澄潭，步危橋，坐茂樹，探幽壑，升高峰，不亦樂乎！

天氣清朗，步出南郊野寺，沽酒飲之。半醉半醒，攜僧上雨花臺，看長江一綫，風帆摇拽，鍾山紫氣，掩映黄屋，景趣滿前，應接不暇。

净掃一室，用博山爐爇沉水香，香烟縷縷，直透心竅，最令人精神凝聚。

每登高丘，步邃谷，延留燕坐，見懸崖瀑流，壽木垂蘿，閟邃岑寂之處，終日忘返。

每遇勝日有好懷，袖手哦古人詩，足矣。青山秀水，到眼即可舒嘯，何必居籬落下，然後爲己物？

柴門不扃，筠簾半捲，梁間紫燕，呢呢喃喃，飛出飛入，山人以嘯咏佐之，皆各適其適。

風晨月夕，客去後，蒲團可以雙跏；烟鳥雲林，興來時，竹杖何妨獨往。

三徑竹間，日華澹澹，固野客之良辰；一編窗下，風雨瀟瀟，亦幽人之好景。

喬松十數株，修竹千餘竿；青蘿爲牆垣，白石爲橋道；流水周於舍下，飛泉落於簷間；緑柳白蓮，羅生池砌。時居其中，無不快心。

有屋數間，有田數畝；用盆爲池，以甕爲牖；牆高於肩，屋大於斗；布被暖餘，藜羹飽後。氣吐胸中，充塞宇宙；筆落人間，輝映瓊玖。人能知止，以退爲茂；我自不出，何退之有？心無妄想，足無妄走，人無妄交，物無妄受。炎炎論之，甘處其陋；綽綽言之，無出其右。羲軒之書，未嘗去手；堯舜之談，未嘗虛口。談中和天，同樂易友，吟自在詩，飲歡喜酒。百年昇平，不爲不偶；七十康强，不爲不壽。

以江湖相期，烟霞相許，付同心之雅會，托意氣之良游。或閉户讀書，纍月不出；或登山玩水，竟日忘歸。斯賢達素交，蓋千年之一遇。

蔭映岩流之際，偃息琴書之側，寄心松竹，取樂魚鳥，則淡泊之願，於是畢矣。

庭前幽花時發，披覽既倦，每啜茗對之。香色撩人，吟思忽起，隨歌一古詩，以適清興。

凡静室，須前栽碧梧，後種翠竹，前簷放步，北用暗窗。春冬閉之，以避風雨；夏秋可開，以通凉爽。然碧梧之趣，春冬落葉，以舒負暄融和之樂；夏秋交蔭，以蔽炎爍蒸烈之威。四時得宜，莫此爲勝。

家有三畝園，花木鬱鬱。客來煮茗，談上都貴游、人間可喜事，或茗寒酒冷，賓主相忘。其居與山谷相望，暇則步草徑相尋。

良辰美景，春暖秋凉。負杖躡履，逍遥自樂。臨池觀魚，披林聽鳥，濁酒一杯，彈琴一曲，求數刻之樂，庶幾居常以待終。

築室數楹，編槿爲籬，結茅爲亭。以三畝蔭竹樹、栽花果，二畝種蔬菜。四壁清曠，空諸所有。蓄山童灌園薙草，置二三胡床著亭下，挾書劍，伴孤寂，攜琴奕，以遲良友。此亦可以娱老。

一徑陰開，勢隱蜿蟺之致，雲到成迷；半閣孤懸，影回縹緲之觀，星臨可摘。

九分春色，全憑狂花疏柳安排；一派秋容，總是紅蓼白蘋妝點。

南湖水落，妝臺之明月猶懸；西廊烟銷，繡塔之彩雲不散。

中庭蕙草銷雪，小院梨花夢雲。

秋竹沙中淡，寒山寺裏深。

人冷因花寂，湖虚受雨喧。

野曠天低樹，江清月近人。

潭水寒生月，松風夜帶秋。

春山艶冶如笑，夏山蒼翠如滴，秋山明净如妝，冬山慘淡如睡。

眇眇乎春山，澹冶而欲笑；翔翔乎空絲，綽約而自飛。

盛暑持蒲，榻鋪竹下，卧讀《騷》經，樹影篩風，濃陰蔽日，叢竹蟬聲，遠遠相續，蘧然入夢。醒來命取棍櫛髮，汲石澗流泉，烹雲芽一啜，覺兩腋生風。徐步草玄亭，芰荷出水，風送清香，魚喜冷泉，凌波跳擲。因涉東皋之上，四望溪山罨畫，平野蒼翠。激氣發於林瀑，好風送之水涯，手揮麈尾，清興灑然。不待法雨凉雪，使人火宅之念都冷。

山曲小房，入園窈窕幽徑，緑玉萬竿。中涯澗水爲曲池，環池竹樹雲石，其後平岡逶迤，古松鱗鬣，松下皆灌叢雜木，蔦蘿駢織，亭榭翼然。夜半鶴唳清遠，恍如宿花塢；聞哀猿啼嘯，嘹嚦驚霜，初不辨其爲城市爲山林也。

一抹萬家，烟横樹色，翠樹欲流，淺深間布，心目競觀，神情爽滌。

萬里澄空，千峰開霽，山色如黛，風氣如秋，濃陰如幕，烟［光］如縷，笛響如鶴唳，經颶如唔咿聲，温言如春絮，冷語如寒冰，此景不應虚擲。

山房置古琴一枚，質雖非紫瓊、緑綺，響不在焦尾、號鐘，置之石床，快作數弄，深山無人，水流花開，清絶冷絶。

密竹軼雲，長林蔽日，淺翠嬌青，籠烟惹濕。構數椽其間，竹樹爲籬，不復葺垣。中有一泓流水，清可漱齒，曲可流觴，放歌其間，離披蒨鬱，神滌意閑。

抱影寒窗，霜夜不寐，徘徊松竹下。四山月白，露墮冰柯，相與咏李白《静夜思》，便覺冷然。寒風就寢，復坐蒲團，從松端看月，煮茗佐談，竟此夜樂。

雲晴靉靆，石楚流滋，狂飆忽捲，珠雨淋漓。黄昏孤燈明滅，山房清曠，意自悠然。夜半松濤驚颷，蕉園鳴琅，窾坎之聲，疏密間發，愁樂交集，足寫幽懷。

四林皆雪，登眺時見絮起風中，千峰堆玉，鴉翻城角，萬壑鋪銀。無樹飄花，片片繪子瞻之壁；不妝散粉，點點摻原憲之羹。飛霰入林，回風折竹，徘徊凝覽，以發奇思。畫冒雪出雲之勢，呼松醪［茗］飲之景。擁爐煨芋，欣然一飽，隨作雪景一幅，以寄僧賞。

孤帆落照中，見青山映帶，征鴻回渚，争栖競啄，宿水鳴雲，聲凄夜月，秋飆蕭瑟，聽之黯然，遂使一夜西風，寒生露白。

萬山深處，一泓澗水，四週削壁，石磴嶄岩，叢木蓊鬱，老猿穴其中，古松屈曲，高拂雲巔，野鶴時栖其頂。每晴初霜旦，林寒澗肅，高猿長嘯，屬引清遠，風聲鶴唳，嘹嚦驚霜，聞之令人凄絶。

春雨初霽，園林如洗，開扉閑望，見緑疇麥浪層層，與湖頭烟水相映帶，一派蒼翠之色，或從樹杪流來，或自溪邊吐出。支筇散步，覺數年塵土肺腸，俱爲洗浄。

四月有新笋、新茶、新寒豆、新含桃，緑陰一片，黄鳥數聲，乍晴乍雨，不暖不寒。坐間非雅非俗，半醉半醒，於是爾時如從鶴背飛下耳。

名從刻竹，源分渭畝之雲；倦以據梧，清夢鬱林之石。

夕陽林際，蕉葉墮地而鹿眠；點雪爐頭，茶烟飄而鶴避。

高堂客散，虚户風來，門設不關，簾鈎欲下。横軒有狻猊之鼎，隱几皆龍馬之文，流覽霄端，寓觀濠上。

山經秋而轉淡，秋入山而倍清。

山居有四法：樹無行次，石無位置，屋無宏肆，心無機事。

花有喜、怒、寤、寐、曉、夕，浴花者得其候，乃爲膏雨。淡雲薄日，夕陽佳月，花之曉也；狂號連雨，烈焰濃寒，花之夕也；檀唇烘日，媚體藏風，花之喜也；暈酣神斂，烟色迷離，花之愁也；欹枝困檻，如不勝風，花之夢也；嫣然流盼，光華溢目，花之醒也。

春山淡冶而如笑，夏山蒼翠而如滴，秋山明净而如妝，冬山慘淡而如睡。海山微茫而隱見，江山嚴厲而峭卓，溪山窈窕而幽深，塞山童頳而堆阜。桂林之山綿衍龐博，江南之山峻峭巧麗。山之形色，不同如此。

杜門避影出山，一事不到，夢寐間春晝花陰，猿鶴飽卧，亦五雲之餘蔭。

白雲徘徊，終日不去。岩泉一支，潺湲齋中。春之晝，秋之夕，既清且幽，大得隱者之樂，惟恐一日移去。

與衲子輩坐松林石上，談因果，談公案。久之，松際月來，振衣而起，蹈樹影而歸，此日便非虛度。

結廬人境，植杖山阿，林壑地之所豐，烟霞性之所適，蔭丹桂，藉白茅，濁酒一杯，清琴數弄，誠足樂也。

輞水淪漣，與月上下，寒山遠火，明滅林外，深巷小犬，吠聲如豹。村墟夜舂，復與疏鐘相間。此時獨坐，童僕静默。

東風開柳眼，黄鳥駡桃花。

晴雪長松，開窗獨坐，恍如身在冰壺；斜陽芳草，攜杖閑吟，信是人行圖畫。

小窗下修篁蕭瑟，野鳥悲啼；峭壁間醉墨淋漓，山靈呵護。

霜林之紅樹，秋水之白蘋。

雲收便悠然共游，雨滴便冷然俱清，鳥啼便欣然有會，花落便灑然有得。

千竿修竹，周遭半畝方塘；一片白雲，遮蔽五株垂柳。

山館秋深，野鶴唳殘清夜月；江園春暮，杜鵑啼斷落花風。

青山非僧不致，緑水無舟更幽；朱門有客方尊，緇衣絶糧益韵。

杏花疏雨，楊柳輕風，興到欣然獨往；村落烟横，沙䕩月印，歌殘倏爾言旋。

賞花酣酒，酒浮園菊凡三盞；睡醒問月，月到庭梧第二枝。此時此興，亦復不淺。

幾點飛鴉，歸來緑樹；一行征雁，界破青天。

看山雨後，霽色一新，便覺青山倍秀；玩月江中，波光千頃，頓令明月增輝。

樓臺落日，山川出雲。

玉樹之長廊半陰，金陵之倒景猶赤。

小窗偃卧，月影到床，或逗留於梧桐，或搖亂於楊柳。翠華撲被，神骨俱仙，及從竹裏流來，如自蒼雲吐出。

清送素娥之環珮，逸移幽士之羽裳。相思足慰於故人，清嘯自紓於良夜。

繪雪者，不能繪其清；繪月者，不能繪其明；繪花者，不能繪其馨；繪泉者，不能繪其聲；繪人者，不能繪其情。

讀書宜樓，其快有五：無剥啄之驚，一快也；可遠眺，二快也；無濕氣侵床，三快也；木末竹顛，與鳥交語，四快也；雲霞宿高簷，五快也。

山徑幽深，十里長松引路，不倩金張；俗態糾纏，一編殘卷療人，非關盧扁。

喜方外之浩蕩，歎人間之窘束；逢閬風之逸客，值蓬萊之故人。忽據梧而杖策，亦披裘而負薪。出芝田而計畝，入桃源而問津。菊花兩岸，松聲一丘。葉動猿來，花鶯鳥去。閲丘壑之新趣，縱江湖之舊心。

籬邊杖履送僧，花鬚列於巾角；石上壺觴坐客，松子落我衣裾。

遠山宜秋，近山宜春；高山宜雪，平山宜月。

珠簾蔽月，翻窺窈窕之花；綺幔藏雲，恐礙扶疏之柳。

松子爲餐，蒲根可服。

烟霞潤色，荃荑結芳。出澗幽而泉洌，入山户而松凉。

旭日始暖，蕙草可織；園桃紅點，流水碧色。

玩飛花之度窗，看春風之入柳。命麗人於玉席，陳寶器於紈羅。

忽翔飛而暫隱，時凌空而更飏。竹依窗而庭影，蘭因風而送香。

風暫下而將飄，烟纔高而不瞑。

悠揚緑柳，訝合浦之同歸；繚繞青霄，環五星之一氣。

縟繡起於緹紡，烟霞生於灌莽。

醉古堂劍掃卷七

松陵陸紹珩湘客父選
兄陸紹璉宗玉父閱

韵

人生斯世，不能讀盡天下秘書靈笈，有目而眯，有口而啞，有耳而聾，而面上三斗俗塵，何時掃去？則韵之一字，其世人對症之藥乎！雖然，今世且有焚香啜茗，清凉在口，塵俗在心，儼然自附於韵，亦何异三家村老嫗，動口念阿彌，便云昇天成佛也？集韵第七。

陳慥家蓄數姬，每日晚藏花一枝，使諸姬射覆，中者留宿，時號「花媒」。

閉門閲佛書，開門接佳客，出門尋山水。

雪後尋梅，霜前訪菊，雨際護蘭，風外聽竹。

清齋幽閉，時時暮雨打梨花；冷句忽來，字字秋風吹木葉。

山上須泉，徑中須竹。讀史不可無酒，談禪不可無美人。

多方分別，是非之竇易開；一味圓融，人我之見不立。

春雲宜山，夏雲宜樹，秋雲宜水，冬雲宜野。

清疏暢快，月色最稱風光；清灑風流，花情何如柳態。

春夜小窗兀坐，月上木蘭有骨，凌冰懷人如玉。因想「雪滿山中高士卧，月明林下美人來」語，此際光景頗似。

文房供具，借以快目適玩，鋪叠如市，頗損雅趣，其點綴之法，羅羅清疏，方能得致。

香令人幽，酒令人遠，茶令人爽，琴令人寂，棋令人閑，劍令人俠，杖令人輕，麈令人雅，月令人清，竹令人冷，花令人韵，石令人雋，雪令人曠，僧令人淡，蒲團令人野，美人令人憐，山水令人奇，書史令人博，金石鼎彝令人古。

吾齋之中，不尚虛禮，凡入此齋，均爲知己。隨分款留，忘形笑語，不言是非，不侈榮利。閑談古今，静玩山水，清茶好香，以適幽趣。臭味之交，如斯而已。

窗宜竹雨聲，亭宜松風聲，几宜洗硯聲，榻宜翻書聲。月宜琴聲，雪宜茶聲，春宜箏聲，秋宜笛聲，夜宜砧聲。

花飛噴酒液，葉脱寫詩情。

片心自憐，形影相爲管鮑；孤懷獨朗，齒牙不用金張。

曲水同瀠回，俊石并洞達。

水緑山青，忽聽欸乃數聲，和驚鴻嘹嚦，漁笛欷歔，令人有瀟湘巫峽之想。

竹樹環翠，藤蘿摇綴，日光篩影，渾中人魚，往來倏忽，似與游人偕樂。正欲覓句，黄鸝穿織柳中，嚶嚶成韵，堪作詩腸鼓吹。

月夜獨飲杏花下，月色如銀，聞山寺簫管，聲飄雲外，甚爲幽暢。

湖上新荷競發，香氣噴人。每當炎郁時，駕一窗檻玲瓏之舟，攜茶具，邀僧侣，挾青衣一二人，相與避褦襶，共入烟深處，采青蓮啖之，覺種種鮮香，流溢齒牙，沁入肺腑。興到，與衲子輩啜茗哦詩，或談小品公案，兩耳琅琅，如扣哀玉。倦則拂枕舟中，怡然就夢，醒來都不復記。

看畸人古怪之行藏，眉轟雷電；聽异士稀奇之議論，耳吼天風。

鷄談可以益學，鶴陣可以善兵。

翻經如壁觀僧，飲酒如醉道士，横琴如黄葛野人，肅客如碧桃漁父。竹徑款扉，柳陰班席。每當雄才之處，明月停輝，浮雲駐影。退而與諸俊髦西湖靚媚，賴此英雄，一洗粉澤。

雲林性嗜茶。在惠山中，用核桃、松子肉和白糖成小塊，如石子，置茶中，出以啖客，名曰清泉白石。

有花皆刺眼，無月便攢眉，當場得無妒我；花歸三寸管，月代五更燈，此事何可語人？

求校書於女史，論慷慨於青樓。

填不滿貪海，攻不破疑城。

機息便有月到風來，不必苦海人世；心遠自無車塵馬迹，何須痼疾丘山？

郊中野坐，固可班荆；徑裏閑談，最宜拂石。

侵雲烟而獨冷，移開清笑胡床；藉竹木以成幽，撤去莊嚴蓮座。

幽心人似梅花，韵心士同楊柳。

情因年少，酒因境多。

看書築得村樓，空山曲抱；趺坐掃來花徑，亂水斜穿。

倦時呼鶴舞，醉後倩僧扶。

筆床茶竈，不巾櫛閉户潛夫；寶軸牙籤，少鬚眉下帷董子。

鳥銜幽夢，遠只在數尺窗紗；蛩遞秋聲，悄無言一龕燈火。

藉草班荆，安穩林泉之笅；披裘拾穗，逍遥草澤之臞。

萬緑陰中，小亭避暑，八闥洞開，几簟皆緑。雨過蟬聲來，花氣令人自醉。

剸犀截雁之舌鋒，逐日追風之脚力。

瘦影疏而漏月，香陰聚而墮風。

修竹到門雲裏寺，流泉入袖水中人。

詩題半作逃禪偈，酒價都爲買藥錢。

掃石月盈帚，濾泉花滿篩。

流水有方能出世，名山如藥可輕身。

與梅同瘦，與竹同清，與柳同眠，與桃李同笑，居然花裏神仙；與鶯同聲，與燕同語，與鶴同唳，與鸚鵡同言，如此話中知己。

栽花種樹，全憑詩格取裁；聽鳥觀魚，要在酒情打點。

登山遇癘瘴，放艇遇腥風，抹竹遇膠絲，修花遇醒霧，歡場遇害馬，吟席遇傖父，若斯不遇，甚於泥塗；偶集逢好花，動歌逢明月，席地逢軟草，攀磴逢疏藤，展卷逢静雲，戰茗逢新雨，如此相逢，逾於知己。

草色遍溪橋，醉得蜻蜓春翅軟；花風通驛路，迷來蝴蝶曉魂香。

田舍兒强作馨語，博得俗因；風月場插入傖父，便成惡趣。

相美人如相花，貴清艷而有若遠若近之思；看高人如看竹，貴蕭灑而有不疏不密之致。

詩瘦到門鄰病鶴，清影頗嘉；書貧經座并寒蟬，雄風頓挫。

梅花入夜影蕭疏，頓令月瘦；柳絮當空晴恍忽，偏惹風狂。

花陰流影，散爲半院舞衣；水響飛音，聽來一溪歌板。

萍花香裏風清，幾度漁歌；楊柳影中月冷，數聲牛笛。

謝將縹緲無歸處，斷浦沉雲；行到紛紜不繫時，空山掛雨。

渾如花醉，潦倒何妨；絶勝柳狂，風流自賞。

春光濃似酒，花故醉人；夜色澄如水，月來洗俗。

雨打梨花深閉門，怎生消遣；分付梅花自主張，著甚牢騷？

對酒當歌，四座好風隨月到；脱巾露頂，一樓新雨帶雲來。

浣花溪内，洗十年游子衣塵；修竹林中，定四海良朋交籍。

人語亦語，詆其昧於鉗口；人默亦默，訾其短於雌黄。

艷陽天氣，是花皆堪釀酒；緑陰深處，凡葉盡可題詩。

曲沼荇香，侵月未許魚窺；幽關松冷，巢雲不勞鶴伴。

篇詩斗酒，何殊太白之丹丘；扣舷吹簫，好繼東坡之赤壁。

獲佳文易，獲文友難；獲文友易，獲文僮難。

茶中著料，碗中著果，譬如玉貌加脂，蛾眉著黛，翻累本色。

煎茶非漫浪，要須人品與茶相得，故其法往往傳於高流隱逸，有烟霞泉石磊塊胸次者。

樓前桐葉，散爲一院清陰；枕上鳥聲，唤起半窗紅日。

天然文錦，浪吹花港之魚；自在笙簧，風激園林之竹。

高客流連，花木添清疏之致；幽人剥啄，莓苔生黯淡之光。

松澗邊攜杖獨行，立處雲生破衲；竹窗下枕書高臥，覺時月浸寒氈。

散履閑行，野鳥忘機時作伴；披襟兀坐，白雲無語漫相留。

客到茶烟起竹下，何嫌屐破蒼苔；詩成筆影弄花間，且喜歌飛白雪。

月有意而入窗，雲無心而出岫。

屏絕外慕，偃息長林，置理亂不聞，托清閑自佚。松軒竹塢，酒甕茶鐺，山月溪雲，農蓑漁罟。

怪石爲實友，名琴爲和友，好書爲益友，奇畫爲觀友，法帖爲範友，良硯爲礪友，寶鏡爲明友，净几爲方友，古磁爲虛友，舊爐爲熏友，紙帳爲素友，拂塵爲静友。

掃徑迎清風，登臺邀明月。琴觴之餘，間以歌咏，止許鳥語花香，來吾几榻耳。

風波塵俗，不到意中；雲水淡情，常來想外。

紙帳梅花，休驚他三春清夢；筆床茶竈，可了我半日浮生。

酒澆清苦月，詩慰寂寥花。

好夢乍回，沉心未燼，風雨如晦，竹響入床，此時興復不淺。

山非高峻不佳，不遠城市不佳，不近林木不佳，無流泉不佳，無寺觀不佳，無雲霧不佳，無樵牧不佳。

一室十圭，寒蛩聲喑，折脚鐺邊，敲石無火，水月在軒，燈魂未滅，攬衣獨坐，如游皇古，意思虛閑，世界清凈，我身我心，了不可取。此一境界，名最第一。

花枝送客蛙催鼓，竹籟喧林鳥報更，謂山史實録。

遇月夜，露坐中庭，必爇香一炷，可號伴月香。

襟韵灑落如晴雪，秋月塵埃不可犯。

峰巒窈窕，一拳便是名山；花竹扶疏，半畝何如金谷。

觀山水亦如讀書，隨其見趣高下。

人有一字不識而多詩意，一偈不參而多禪意，一勺不濡而多酒意，一石不曉而多畫意，淡宕故也。

名利場中羽客，人人輸蔡澤一籌；烟花隊裏仙流，個個讓涣之獨步。

深山高居，爐香不可缺。取老松柏之根枝實葉，共擣治之，研楓肪羼和之，每焚一丸，亦足助清苦。

白日羲皇世，青山綺皓心。

松聲，澗聲，山禽聲，夜蟲聲，鶴聲，琴聲，棋子落聲，雨滴階聲，雪灑窗聲，煎茶聲，皆聲之至清，而讀書聲爲最。

曉起入山，新流没岸，棋聲未盡，石骨依然。

松聲竹韵，不濃不淡。

何必絲與竹，山水有清音。

霜降木落，時入疏林深處，坐樹根上，飄飄黄葉點衣袖，而野鳥樹梢飛來窺人。荒凉之地，殊有清曠之致。

世路中人，或圖功名，或治生産，儘自正經。争奈天地間好風月、好山水、好書籍，了不相涉，豈非枉却一生！

李岩老好睡。衆人食罷下棋，岩老輒就枕，閲數局乃一展轉，云：「我始一局，君幾局矣。」

晚登秀江亭，澄波古木，使人得意於塵垢之外，蓋人閑景幽，兩奇絶耳。

筆硯精良，人生一樂，徒設只覺村妝；琴瑟在御，莫不静好，纔陳便得天趣。

人想王荆産佳，此想長松下當有清風耳。

月夜焚香，古桐三弄，便覺萬慮都忘，忘念盡絶。

《蔡中郎傳》，情思逶迤；《北西厢記》，興致流麗。學他描神寫景，必先細味沉吟，如曰寄趣本頭，空博風流種子。

夜長無賴，徘徊蕉雨半窗；日永多閑，打疊桐陰一院。

雨穿寒砌，夜來滴破愁心；雪灑虚窗，曉去散開清影。

春夜宜苦吟，宜焚香讀書，宜與老僧説法，以銷艷思；夏夜宜閑談，宜臨水枯坐，宜聽松風冷韵，以滌煩襟；秋夜宜豪游，宜訪快士，宜談兵説劍，以除蕭瑟；冬夜宜茗戰，宜酌酒説《三國》《水滸》《金瓶梅》諸集，宜箸竹肉，以破孤岑。

玉之在璞，追琢則珪璋；水之發源，疏濬則川沼。

山以虚而受，水以實而流，讀書當作是觀。

古之君子，[行]無友，則友松竹；居無友，則友雲山。余無友，則友古之友松竹、友雲山者。

買舟載書，作無名釣徒。每當草蓑月冷，鐵笛雙清，覺張志和、陸天隨去人未遠。

「今日鬢絲禪榻畔，茶烟輕颺落花風。」此趣惟白香山得之。

清姿如卧雲餐雪，天地盡愧其塵污；雅致如蘊玉含珠，日月轉嫌其洩露。

焚香啜茗，自是吴中習氣，雨窗却不可少。

茶取色臭俱佳，行家偏嫌味苦；香須冲淡爲雅，幽人最忌烟濃。

朱明之候，緑陰滿林，披頭散髮，箕踞白眼，坐長松下，蕭騷流觴，正是宜人疏散之場。

讀書夜坐，鐘聲遠聞，梵響相和，從林端來，灑灑窗几上，化作天籟虚無矣。

夏日蟬聲太煩，則弄簫隨其韵轉；秋冬夜聲寥颯，則操琴一曲咻之。

心清鑒底瀟湘月，骨冷禪中太華秋。

語鳥名花，供四時之嘯咏；清泉白石，成一世之膏肓。

掃石烹泉，舌底潮潮茶味；開窗染翰，眼前處處詩題。

權輕勢去，何妨張雀羅於門前；位高金多，自當效蛇行於郊外。蓋炎凉世態，本是常情，故人所浩歎，惟宜付之冷笑耳。

溪畔輕風，沙汀印月，獨往閑行，嘗喜見漁家笑傲；松花釀酒，春水煎茶，甘心藏拙，不復問人世興衰。

手撫長松，仰視白雲，庭空鳥語，悠然自欣。

或夕陽籬落，或明月簾櫳，或雨夜聯榻，或竹下傳觴，或青山當户，或白雲可庭，於斯時也，把臂促膝，相知幾人，謔語雄談，快心千古。

疏簾清簟，銷白晝惟有棋聲；幽徑柴門，印蒼苔只容屐齒。

落花慵掃，留襯蒼苔；村釀新芻，取燒紅葉。

幽徑蒼苔，杜門謝客；緑陰清晝，脱帽觀詩。

烟蘿掛月，静聽猿啼；瀑布飛虹，閑觀鶴浴。

簾捲八窗，面面雲峰送碧；塘開半畝，瀟湘烟水涵清。

雲衲高僧，泛水登山，或可借以點綴；如必蓮座説法，則詩酒之間，自有禪趣，不敢學苦行頭陀，以作死灰。

遨游仙子，寒雲幾片束行裝；高卧幽人，明月半床供秋簟。

落落者難合，一合便不可分；欣欣者易親，乍親忽然成怨。故君子之處世也，寧風霜自挾，無魚鳥親人。

清齋幽閉，時時暮雨掩梨花；冷句忽來，字字秋風吹木葉。

海内慇勤，但讀《停雲》之賦；目中寥廓，徒歌《明月》之詩。

生平願無恙者四：一曰青山，一曰故人，一曰藏書，一曰名草。

聞暖語如挾纊，聞冷語如飲冰，聞重語如負山，聞危語如壓卵，聞温語如佩玉，聞益語如贈金。

旦起理花，午窗或剪葉，或截草作字，夜卧懺罪，令一日風流瀟散之過，不致墮落。

快欲之事，無如饑餐；適情之時，莫過甘寢。求多於清欲，即侈汰亦茫然也。

客來花外茗烟低，共銷白晝；酒到梁間歌雪繞，不負清樽。

雲隨羽客，在瓊臺雙闕之間；鶴唳芝田，正桐陰靈虚之上。

醉古堂劍掃卷八

松陵陸紹珩湘客父選　溪于汝調鼎石臣父
兄陸紹璉宗玉父閱　武水倪點曼青父　參

奇

我輩寂處窗下，視一切人世，俱若蠛蠓嬰娩，不堪寓目。而有一奇文怪説，目數行下，便狂呼叫絶，令人喜，令人怒，更令人悲。低徊數過，床頭短劍亦嗚嗚作龍虎吟，便覺人世一切不平，俱付烟水。集奇第八。

吕聖公之不問朝士名，張師高之不發竊器奴，韓稚圭之不易持燭兵，不獨雅量過人，正是用世高手。

花看水影，竹看月影，美人看簾影。

佞佛若可懺罪，則刑官無權；尋仙可以延年，則上帝無主。達人盡其在我，至誠貴於自然。

以貨財害子孫，不必操戈入室；以學術殺後世，有如按劍伏兵。

讀諸葛武侯《出師表》而不墮淚者，其人必不忠；讀李令伯《陳情表》而不墮淚者，其人必不孝；讀韓退之《祭十二郎文》而不墮淚者，其人必不友。

世味非不濃艷，可以淡然處之。獨天下之偉人與奇物，幸一見之，自不覺魄動心驚。

道上紅塵，江中白浪，饒他南面百城；花間明月，松下涼風，輸我北窗一枕。

人生不好古，象鼎犧樽，變爲瓦缶；世道不憐才，鳳毛麟角，化作灰塵。

何以消上天之清風朗月？酒盞詩筒。何以謝人世之覆雨翻雲？閉門高枕。

君子不傲人以不如，不疑人以不肖。

立言亦何容易，必有包天包地、包千古、包來今之識；必有驚天驚地、驚千古、驚來今之才；必有破天破地、破千古、破來今之膽。

聖賢爲骨，英雄爲膽，日月爲目，霹靂爲舌。

瀑布天落，其噴也珠，其瀉也練，其響也琴。

平易近人，會見神仙濟度；瞞心昧己，便有鬼怪出來。

佳人飛去還奔月，騷客狂來欲上天。

涯如沙聚，響如潮吞。

詩書乃聖賢之供案，妻妾乃屋漏之史官。

强項者未必爲窮之路，屈膝者未必爲通之媒。故銅頭鐵面，君子落得做個君子；奴顔婢膝，小人枉了做個小人。

有仙骨者，肉亦能飛；無真氣者，形終如槁。

一世窮根，種在一撚傲骨；千古笑端，伏於幾個殘牙。

石怪常疑虎，雲閑却類僧。

大豪傑，捨己爲人；小丈夫，因人利己。

一段世情，全憑冷眼覷破；幾番野趣，半從熱腸换來。

識盡世間好人，讀盡世間好書，看盡世間好山水。

舌頭無骨，得言句之總持；眼裏有筋，具游戲之三昧。

群居閉口，獨坐防心。

當場傀儡，還我爲之；大地衆生，從渠笑駡。

三徙成名，笑范蠡碌碌浮生，縱扁舟，忘却五湖風月；一朝解綬，羡淵明飄飄遺世，命巾車，歸來滿架琴書。

人生不得行胸懷，雖壽百歲猶夭。

棋能避世，睡能忘世。棋類耦耕之沮溺，去一不可；睡同御風之列子，獨往獨來。

以一石一樹與人者，非佳子弟。

一勺水，便具四海水味，世法不必盡嘗；千江月，總是一輪月光，心珠宜當獨朗。

面上掃開十層甲，眉目纔無可憎；胸中滌去數斗塵，語言方覺有味。

愁非一種，春愁則天愁地愁；怨有千般，閨怨則人怨鬼怨。

天懶雲沉，雨昏花蹙，法界豈少愁雲；石頹山瘦，水枯木落，大地覺多窘況。

笋含禪味，喜坡仙玉版之參；石結清盟，受米顛袍笏之辱。

文如臨畫，曾致誚於昔人；詩類書抄，竟沿流於今日。

緗綈遞滿而改頭換面，兹律既湮；縹帙動盈而活剥生吞，斯風亦墜。

貧嗟積著無能，故兒女或悲或怨；老工詞賦無益，故篇章不雅不風。

争之難平也，天折地絶，亦無自屈之期；報之不已也，鬼哭神愁，奚有相安之日？

俗氣入骨，即吞刀刮腸，飲灰洗胃，覺俗態之益呈；正氣效靈，即刀鋸在前，鼎鑊具後，見英風之益露。

吾輩當作減塑佛，不當作增塑佛。擾擾塵勞，何嘗擾我？只是心蜂攢入塵勞窟中耳。

於琴得道機，於棋得兵機，於卦得神機，於藥得仙機。

相禪遐思唐虞，戰争大笑楚漢，夢中蕉鹿猶真，覺後蒓鱸一幻。

世界極於大千，不知大千之外，更有何物；天宫極於非想，不知非想之上，畢竟何窮？

千載奇逢，無如好書良友；一生清福，只在茗碗爐烟。

作夢則天地亦不醒，何論文章；爲客則洪濛無主人，何有章句？

艷出浦之輕蓮，麗穿波之半月。

雲氣恍堆窗裏岫，絶勝看山；泉聲疑瀉竹間樽，賢於對酒。

杖底唯雲，囊中唯月，不勞關市之譏；石笥藏書，池塘洗墨，豈供山澤之税。有此世界，必不可無此傳奇；有此傳奇，乃可維此世界，則傳奇所關非小，正可藉口《西厢》一卷，以爲風流談資。

非窮愁不能著書，當孤憤不宜説劍。

湖山之佳，無如清曉。春時常乘月至館，景生殘夜，水映岑樓，而翠黛臨階，吹流衣袂，鶯聲鳥韵，催起哄然。披衣步林中，則曙光薄户，明霞射几，輕風微散，海旭乍來。見沿堤春草霏霏，明媚如織，遠岫朗潤出沐，長江浩潰無涯，嵐光晴氣，舒捲不一，大是奇絶。

心無機事，案有好書，飽食晏眠，時清體健，此是上界真人。

讀《春秋》，在人事上見天理；讀《周易》，在天理上見人事。

先讀經，後可讀史；非作文，未可作詩。

則何益矣，茗戰有如酒兵；試妄言之，談空不若説鬼。

鏡月水花，若使慧眼看透；劍光筆彩，肯教壯志銷磨。

烈士須一劍，則芙蓉赤精，不惜千金購之。士人惟此寸管，映日干雲之器，那得不重值相索。

委形無寄，但教鹿豕爲群；壯志有懷，莫遣草木同朽。

哄日吐霞，吞河漱月，氣開地震，聲動天發。

議論先輩，畢竟没學問之人；奬借後生，定然關世道之寄。

貧富之交，可以情諒，鮑子所以讓金；貴賤之間，易以勢移，管寧所以割席。

論名節，則緩急之事小；較生死，則名節之論微。但知爲餓夫以采南山之薇，不必爲枯魚以需西江之水。

儒有一亩之宫，自不妨草茅下賤；士無三寸之舌，何用此土木形骸。

鵬爲羽傑，鯤稱介豪，翼遮半天，背負重霄。

憐之一字，吾不樂受，蓋有才而徒受人憐，無用可知；傲之一字，吾不敢矜，蓋有才而徒以資傲，無用可知。

問近日講章孰佳，坐一塊蒲團自佳；問吾儕嚴師孰尊，對一枝紅燭自尊。

點破無稽不根之論，只須冷語半言；看透陰陽顛倒之行，惟此冷眼一隻。

古之釣也，以賢聖爲竿，道德爲綸，仁義爲鈎，禄利爲餌，四海爲池，萬民爲魚。

釣道微矣，非聖人其孰能之？

水遽龍魄，陸振虎魂。

既稍雲於清漢，亦倒景於華池。

浮雲回度，開月影而彎環；驟雨橫飛，挾星精而摇動。

長橋卧波，未雲何龍；復道行空，不霽何虹。

天台嶕起，繞之以赤霞；削成孤峙，覆之以蓮花。

金河别雁，銅柱辭鳶。關山天骨，霜木凋年。

翻光倒景，擢菡萏於湖中；舒艶騰輝，攢螮蝀於天畔。

照萬象於晴初，散寥天於日餘。

醉古堂劍掃卷九

松陵陸紹珩湘客父選
兄陸紹璉宗玉父閲

綺

朱樓緑幕，笑語勾别座之香；越舞吴歌，慧舌吐蓮花之艷。此身如在怨臉愁房、紅妝翠袖之間，若遠若近，爲之黯然。嗟乎！又何怪乎身當其際者，擁玉床之翠而心迷，聽伶人之奏而涕潰乎？集綺第九。

高卧酒樓，紅日不催詩夢醒；漫書花榭，白雲恒帶墨痕香。

天台花好，阮郎却無計再來；巫峽雲深，宋玉只有情空賦。

瞻碧雲之黯黯，覓神女其何蹤；睹明月之娟娟，問嫦娥而不應。

妝臺正對書樓，隔池有影；繡户相通綺户，望眼多情。

蓮開并蒂，影憐池上鴛鴦；縷結同心，日麗屏間孔雀。

堂上鳴琴，操久彈乎孤鳳；邑中製錦，紋重織於雙鸞。

鏡想分鸞，琴悲別鶴。

春透水波明，寒峭花枝瘦。極目烟中百尺樓，人在樓中否？

欲減羅衣寒未去，不捲珠簾，人在深深處。紅杏枝頭花幾許？啼痕［止］恨清明雨。

明月當樓，高眠如避，惜哉夜光暗投；芳樹交窗，把玩無主，嗟矣紅顏薄命。

詩箋當紅葉，詞人之遇詭於宮人；歌管爲濫竽，吹客之污插入游客。

鳥語聽其澀時，憐嬌情之未囀；蟬聲聞已斷處，愁孤節之漸消。

多恨賦花，風瓣亂侵筆墨；含情問柳，雨絲牽惹衣裾。

一泓溪水柳分開，盡道清虛攪破；三月林光花帶去，莫言香粉消殘。

斷雨斷雲，驚魄三春蝶夢；花開花落，悲歌一夜鵑啼。

一片秋山，能療病客；半聲春鳥，偏喚愁人。

衲子飛觴歷亂，解脱於樽罍之間；釵行揮翰淋漓，風神在筆墨之外。

養紙芙蓉粉，薰衣荳蔻香。

流蘇帳底，披之而夜月窺人；玉鏡臺前，諷之而朝烟縈樹。

風流誇墮髻，時世鬥啼眉。

新壘桃花紅粉薄，隔樓芳草雪衣凉。

李後主宮人秋水，喜簪异花，芳香拂髻鬢，嘗有粉蝶聚其間，撲之不去。

濯足清流，芹香飛澗；浣花新水，蝶粉迷波。

昔人有花中十友：桂爲仙友，蓮爲净友，梅爲清友，菊爲逸友，海棠名友，荼蘼韵友，瑞香殊友，芝蘭芳友，臘梅奇友，梔子禪友。昔人有禽中五客：鷗爲閑客，鶴爲仙客，鷺爲雪客，孔雀南客，鸚鵡隴客。會花鳥之情，真是天趣活潑。

鳳笙龍笛，蜀錦齊紈。

木香盛開，把杯獨坐其下，遥令青奴吹笛，止留一小奚侍酒。纔少斟酌，便退立迎春架後。

花看半開，酒飲微醉。

夜來月下卧醒，花影零亂，滿人襟袖，疑如濯魄於冰壺。

看花步，男子當作女人；尋花步，女人當作男子。

窗前俊石冷然，可代高人把臂；檻外名花綽約，無煩美女分香。

新調初裁，歌兒持板待的；闖題方啓，佳人捧硯濡毫。

絕世風流，當場豪舉。

野花艷目，不必牡丹；村酒醉人，何須綠蟻。

石鼓池邊，小草無名可鬥；板橋柳外，飛花有陣堪題。

桃紅李白，疏籬細雨初來；燕紫鶯黃，老樹斜風乍透。

窗外梅開，怕有騷人弄笛；石邊積雪，還須小妓烹茶。

高樓對月，鄰女秋砧；古寺聞鐘，山僧曉梵。

佳人病怯，不耐春寒；豪客多情，尤憐夜飲。李太白之寶花宜障，光孟祖之狗竇堪呼。

古人養筆以硫黄酒，養紙以芙蓉粉，養硯以文綾蓋，養墨以豹皮囊。小齋何暇及此？惟有時書以養筆，時磨以養墨，時洗以養硯，時捲舒以養紙。

芭蕉近日則易焦，迎風則易破。小院背陰，半掩竹窗，分外青翠。

落花慵掃，留襯蒼苔；村釀新蒭，取燒紅葉。

歐公香餅，吾其熟火無烟；顏氏隱囊，我則鬥花以布。梅額生香，已堪飲爵；草堂飛雪，更可題詩。七種之羹，呼起袁生之卧；六花之餅，敢迎王子之舟。豪飲竟日，賦詩而散。

佳人半醉，美女新妝。月下彈瑟，石邊侍酒。烹雪之茶，果然剩有寒香；爭春之館，自是堪來花歎。

翠微僧至，衲衣全染松雲；斗室經殘，石磬半沉蕉雨。

黃鳥讓其歌聲，青山學其眉黛。

淺翠嬌青，籠烟惹濕。清可漱齒，曲可流觴。

風開柳眼，露浥桃腮，黃鸝呼春，青鳥送雨，海棠嫩紫，芍藥嫣紅，宜其春也。碧荷鑄錢，緑柳繅絲，龍孫脱殼，鳩婦喚晴，雨釀黃梅，日蒸緑李，宜其夏也。槐陰未斷，雁信初來，秋英無言，曉露欲結，蓐收避席，青女辦裝，宜其秋也。桂子風高，蘆花月老，溪毛碧瘦，山骨蒼寒，千岩見梅，一雪欲臘，宜其冬也。

風翻貝葉，絕勝北闕除書；水滴蓮花，何似華清宮漏。

畫屋曲房，擁爐列坐。鞭車行酒，分隊徵歌。一笑千金，樗蒲百萬。名妓持箋，玉兒捧硯。淋漓揮灑，水月流虹。我醉欲眠，鼠奔鳥竄。羅縟輕解，鼻息如雷。此一境界，亦足賞心。

柳花燕子，貼地欲飛；畫扇練裙，避人欲進。此春游第一風光也。

花顔縹緲，欺樹裏之春風；銀焰瑩煌，却城頭之曉色。

烏紗帽挾紅袖登山，前人自多風致。

筆陣生雲，詞鋒捲霧。

楚江巫峽半雲雨，清簟疏簾看奕棋。

日慘風悲，到玉顔之死處；花愁露泣，認朱臉之啼痕。

美儀人，濯濯如春月柳。

襄雪萬疊，斷腸新出於啼猿；秦樹千層，比翼不如於飛鳥。

清文滿篋，非惟芍藥之花；新製連篇，寧止葡萄之樹。

梅花舒兩歲之裝，柏葉泛三光之酒。飄飄餘雪，入簫管以成歌；皎潔輕冰，對蟾光而寫鏡。

鶴有累心猶被斥，梅無高韵也遭删。

分果車中，畢竟借他人面目；捉刀床側，終須露自己心胸。

雪滚花飛，繚繞歌樓，飄撲僧舍，點點共酒旆悠揚，陣陣追燕鶯飛舞。沾泥逐水，豈特可入詩料，要知色身幻影，是即風裏楊花，浮生燕壘。

籬邊杖履送僧，花須沾於巾角；石上壺觴坐客，松子落我衣裾。

水緑霞紅處，仙犬忽驚人，吠入桃花去。

九重仙詔，休教彩鳳銜來；一片野心，已被白雲留住。

香吹梅渚千峰雪，清映冰壺百尺簾。

避客偶然抛竹屨，邀僧時一上花船。

到來都是淚，過去即成塵。秋色生鴻雁，江聲冷白蘋。

鬥草春風，才子愁銷書帶翠；采菱秋水，佳人疑動鏡花香。

天下海棠無香，惟昌州有香耳。

竹粉映琅玕之碧，勝新妝流媚，曾無掩面於花宫；荷珠凝翡翠之盤，雖什襲非珍，可免探領於龍藏。

因花整帽，借柳維船。

繞夢落花消雨色，一尊芳草送晴曛。

争春開宴，罷來花有歎聲；水國談經，聽去魚多樂意。

無端淚下，三更山月老猿啼；蓦地嬌來，一月泥香新燕語。

燕子剛來，春光惹恨；雁臣甫聚，秋思惨人。

韓嫣金彈，誤了饑寒人多少奔馳；潘岳果車，增了少年人多少顏色。

夜長無賴，徘徊蕉雨半窗；日永多閑，打叠桐陰一院。

鳥語聽其澀時，憐嬌情之未轉；蟬聲聞已斷處，愁孤響之漸消。

微風醒酒，好雨催詩，生韵生情，懷頗不惡。

苧蘿村裏，對嬌歌艷舞之山；若耶溪邊，拂濃抹淡妝之水。

春歸何處，街頭愁殺賣花；客落他鄉，河畔生憎折柳。

良緣易合，紅葉亦可爲媒；知己難投，白璧未能獲主。

論到高華，但説黄金能結客；看來薄倖，非關紅袖懶撩人。

同氣之求，惟刺平原於錦繡；同聲之應，徒鑄子期以黄金。

胸中不平之氣，説倩山禽；世上叵測之機，藏之烟柳。

袪長夜之惡魔，女郎説劍；銷千秋之熱血，學士談禪。

論聲之韵者，曰溪聲、澗聲、竹聲、松聲、山禽聲、幽壑聲、芭蕉雨聲、落花聲、落葉聲，皆天地之清籟，詩腸之鼓吹也。然銷魂之聽，當以賣花聲爲第一。

石上酒花，幾片濕雲凝夜色；松間人語，數聲宿鳥動朝喧。

媚字極韵，但出以清致，則窈窕俱見風神；附以妖嬈，則做作畢露醜態。如芙蓉媚秋水，緑篠媚清漣，方不著迹。

花關曲折，雲來不認灣頭；草徑幽深，葉落但敲門扇。

武士無刀兵氣，書生無寒酸氣，女郎無脂粉氣，山人無烟霞氣，僧家無香火氣，換出一番世界，便爲世上不可少之人。

情詞之嫻美，《西厢》以後，無如《玉合》《紫釵》《牡丹亭》三傳。置之案頭，可以挽文思之枯澀，收神情之懶散。

俊石貴有畫意，老樹貴有禪意，韵士貴有酒意，美人貴有詩意。

紅顔未老，早隨桃李嫁春風；黄卷將殘，莫向桑榆憐暮景。

買笑易，買心難。

銷魂之音，絲竹不如著肉。然而風月山水間，別有清魂銷於清響，即子晋之笙，湘靈之瑟，董雙成之雲璈，猶屬下乘。嬌歌艷曲，不益混亂耳根？

風驚蟋蟀，聞織婦之鳴機；月滿蟾蜍，見天河之弄杼。

窗前俊石冷然，可代高人把臂；檻外名花綽若，無煩美女分香。

高僧筒裏送詩，突地天花墜落；韵妓扇頭寄畫，隔江山雨飛來。

酒有難戀之色，茶有獨蘊之香。以此想紅顔媚骨，便可得之格外。

客齋使令，翔七寶妝，理茶具。

絶世風流，當場豪舉。世路既如此，但有肝膽向人；清議可奈何，曾無口舌造業。

每到日中重掠鬢，衩衣騎馬試宫廊。

花抽珠漸落，珠懸花更生。風來香轉散，風度焰還輕。

瑩以玉琇，飾以金英。綠芰懸插，紅蕖倒生。

浮滄海兮氣渾，映青山兮色亂。

紛黃庭之靃霏，隱重廊之窈窕。青陸至而鶯啼，朱陽升而花笑。紫蒂紅蕤，玉蕊蒼枝。

視蓮潭之變彩，見松院之生凉。引鷺蟬於寶瑟，宿蘭燕於瑶筐。

響松風於蟹眼，浮雪花於兔毫。

蒲團布衲，難於少時存老去之禪心；玉劍角弓，貴於老時任少年之俠氣。

醉古堂劍掃卷十

松陵陸紹珩湘客父選
兄陸紹璉宗玉父閱

豪

今世矩視尺步之輩，與夫守株待兔之徒，是不鉗鎖而困，不束縛而阱者也。宇宙寥寥，求一豪者安可得哉？家徒四壁，一擲千金，豪之膽；興酣落筆，潑墨千言，豪之才；我才必用，黃金復來，豪之識。夫豪既不可得，而後世倜儻之士，或以一言一字寫其不平者，又安得與沉沉故紙同爲銷没乎！集豪第十。

桃花馬上，春衫少年俠氣；貝葉齋中，夜衲老去禪心。

世情到口居然俗，狂語何人了不猜。

顏色則鉛刀千金，塵埃則干鏌失志。

岳色江聲，富煞胸中丘壑；松陰花影，争殘局上山河。

驥雖伏櫪，足能千里；鵠即垂翅，志在九霄。

個個題詩，寫不盡千秋花月；人人作畫，描不完大地江山。

慷慨之氣，龍泉知我；憂煎之思，毛穎解人。

不能用世而故爲玩世，只恐遇著真英雄；不能經世而故爲欺世，只好對著假豪傑。

綠酒但傾，何妨易醉；黄金既散，休論復來。

詩酒興將殘，剩却樓頭幾明月；登臨情不惡，平分江上半青山。

閑行消白日，懸李賀嘔字之囊；搔首問青天，攜謝朓驚人之句。

假英雄專呌不鳴之劍，若爾鋒鋩，遇真人而落膽；窮豪傑慣作無米之炊，此等作用，當大計而揚眉。

深居遠俗，尚愁移山有文；縱飲達旦，但笑醉鄉無記。

風會日靡試，具宋廣平之石腸；世道莫容請，收姜伯約之大膽。

藜床半穿，管寧真吾師乎；軒冕必顧，華歆洵非友也。

車塵馬足之下，露出醜形；深山窮谷之中，剩些真影。

吐虹霓之氣者，貴挾風霜之色；依日月之光者，毋懷雨露之私。

清襟凝遠，捲松江萬頃之秋；妙筆縱橫，挽崑崙一峰之秀。

肝膽煦若春風，雖囊乏一文，還憐煢獨；氣骨清如秋水，[縱家徒四壁，終傲王公。]

聞雞起舞，劉琨其壯士之雄心乎；聞箏起舞，迦葉其開士之素心乎？

友天下士，讀世間書。

讀書倦時須看劍，英發之氣不磨；作文苦際可歌詩，鬱結之懷隨暢。

交友須帶三分俠氣，作人要存一點素心。

栖守道德者，寂寞一時；依阿權勢者，凄凉萬古。

深山窮谷，能老經濟才猷；絶壑斷崖，難隱靈文奇字。

血冷有時化碧，雄風無日成灰。

王門之雜吹非竽，連夢魏闕；郢路之飛聲無調，羞向楚囚。

獻策金門苦未收，歸心日夜水東流。扁舟載得愁千斛，聞説君王不税愁。

世事不堪評，掩卷神游千古上；塵氛應可却，閉門心在萬山中。

負心滿天地，辜他一片熱腸；變態自古今，懸此兩隻冷眼。

龍津一劍，尚作合於風雷；胸中數萬甲兵，寧終老於牖下。此中空洞原無物，何止容卿數百人。

英雄未轉之雄圖，假糟丘爲霸業；風流不盡之餘韻，托花谷爲深山。

紅潤口脂，花蕊乍過微雨；翠勻眉黛，柳條徐拂輕風。

問婦索釀，甕有新芻；呼童煮茶，門臨好客。此時情興何如？

滿腹有文難罵鬼，措身無地反憂天。

大丈夫居世，生當封侯，死當廟食。不然，閑居可以養志，詩書足以自娛。

不恨我不見古時人，惟恨古時人不見我。

榮枯得喪，天意安排，浮雲過太虛也；用捨行藏，吾心鎮定，砥柱在中流乎！

曹曾積石爲倉以藏書，名曹氏石倉。

丈夫須有遠圖，眼孔如輪，可怪處堂燕雀；豪傑寧無壯志，風棱似鐵，不憂當道豺狼。

要做男子，須負剛腸；欲學古人，當堅苦志。

雲長香火，千載遍於華夷；坡老姓名，至今口於婦孺。意氣精神，不可磨滅。

據床嗒爾，聽豪士之談鋒；把盞惺然，看酒人之醉態。

登高眺遠，吊古尋幽，廣胸中之丘壑，游物外之文章。

雪霽清境，發於夢想。此間但有荒山大江，修竹古木。

每飲村酒後，曳杖放脚，不知遠近，亦曠然天真。

辟地數畝，築室數楹，插槿作籬，編茅爲亭。以一畝蔭竹樹，一畝栽花果，二畝種瓜菜，四壁清曠，空諸所有。畜山童灌園薙草，置二三胡床著亭下。挾書硯以伴孤寂，攜琴奕以遲良友。凌晨杖策，薄暮言旋。此亦樂境。

鬚眉之士，在世寧使鄉里小兒怒駡，不當使鄉里小兒見憐。

胡宗憲讀《漢書》，至終軍請纓事，起叫曰：「男兒雙脚，當從此處插入，其他皆狼藉耳！」

丈夫富貴，何必故鄉？以妻子經懷，豈不沮人雄志？

宋海翁才高嗜酒，側睨當世。忽乘醉泛舟海上，仰笑曰：「吾七尺軀，豈世間凡土所能貯？合以大海葬之耳！」遂按波而入。

毛澄七歲善屬對，諸喜之者贈以金錢，歸擲之，曰：「吾猶薄蘇秦斗大，安事此鄧通靡靡！」

梁公實薦一士於李于鱗，士欲以謝梁也。「吾有長生術，不惜爲公授。」梁曰：「吾名在天地間，只恐盛著不了，安用長生？」

王仲祖有好形儀，每覽鏡自照，曰：「王文開那生如馨兒？」

吴正子窮居一室，門環流水，跨木而渡，渡畢即抽之。人問故，笑曰：「土舟淺小，恐不勝富貴人來踏耳！」

吾有目有足，山川風月，吾所能到，便即屬吾，我便是山川風月主人。

寧爲天下第一品人，毋爲天下第一品官。

大丈夫當雄飛，安能雌伏？

登華山落雁峰，呼吸之氣，可通帝座。恨不攜謝脁驚人句，搔首問青天！

志欲梟逆虜，枕戈待旦，常恐祖生，先我著鞭。

旨言不顯，經濟多托之工瞽蒭蕘；高蹤不落，英雄常混之漁樵耕牧。

高言成嘯虎之風，豪舉破湧山之浪。

立言者，未必即成千古之業，吾取其有千古之心；好客者，未必即盡四海之交，吾取其有四海之願。

管城子無食肉相，世人皮相何爲；孔方兄有絶交書，今日盟交安在。

襟懷貴疏朗，不宜太逞豪華；文字要雄奇，不宜故求寂寞。

懸榻待賢士，豈曰交情已乎；投轄留好賓，不過酒興而已。

才以氣雄，品由心定。

爲文而欲一世之人好，吾悲其爲文；爲人而欲一世之人好，吾悲其爲人。

喑嗚則山岳崩頹，叱咤則風雷變色。

濟筆海則爲舟航，騁文囿則爲羽翼。

攀栖鶻之危巢，俯馮夷之幽宫。

胸中無三萬卷書，眼中無天下奇山川，未必能文；縱能，亦［無］豪傑語耳。

山厨失斧，斷之以劍。客至無枕，解琴自供。盥盆潰散，磬爲注洗。蓋不暖足，覆之以蓑。

孟宗少游學，其母製十二幅被，以招賢士共卧，庶得聞君子之言。

張烟霧於海際，耀光景於河渚。乘天粱而皓蕩，叩帝閽而延伫。聲譽可盡，江天不可盡；丹青可窮，山色不可窮。

聞秋空鶴唳，令人逸骨仙仙；看海上龍騰，覺我壯心勃勃。

皂囊白簡，被人描盡半生；黄帽青鞋，任我逍遥一世。

明月在天，秋聲在樹，珠箔捲嘯倚高樓；蒼苔在地，春酒在壺，玉山頽醉眠芳草。

胸中自是奇，乘風破浪，平吞萬頃蒼茫；脚底由來闊，歷險窮幽，飛度千尋香靄。

松風澗雨，九霄外數聲環珮，清我吟魂；海市蜃樓，萬水中一幅畫圖，供吾醉眼。

每從白門歸，見江山逶迤，草木蒼鬱，人常言佳，我覺是别離人腸中一段酸楚氣耳。

浮雲出岫，絶壁天懸，日月清朗，不無微雲點綴，看雲飛軒軒霞舉，據胡床與友人咏謔，不復滓穢太虚。

人每誚余腕中有鬼，余謂鬼自無端入吾腕中，吾腕中未嘗有鬼也。人每責余目中無人，余謂人自不屑入吾目中，吾目中未嘗無人也。

天下無不虚之山，惟虚，故高而易傾；天下無不實之水，惟實，故流而不腐。

篇詩斗酒，何殊太白之丹丘；扣舷吹簫，好繼東坡之赤壁。

因花索句，勝他牘奏三千；爲鶴謀糧，贏我田耕二頃。

放不出憎人面孔，落在酒杯；丟不下憐世心腸，寄之詩句。

春到十千美酒，爲花洗妝；夜來一片名香，與月薰魄。

忍到熟處則憂患消，淡到真時則天地贅。

醺醺熟讀《離騷》，孝伯外敢曰并皆名士；碌碌常承色笑，阿奴輩果然盡是佳兒。

劍雄萬敵，筆掃千軍。

飛禽鎩翮，猶愛惜乎羽毛；志士捐生，終不忘乎老驥。

敢於世上開眼，肯向人間皺眉。

縹緲孤鴻，影來窗際，開户從之。明月入懷，花枝零亂，朗吟楓落吴江之句，令人凄絶。

雲破月窺花好處，夜深花睡月明中。

三春花鳥猶堪賞，千古文章只自知。文章自是堪千古，花鳥三春只幾時。

士大夫胸中無三斗墨，何以運管城？然恐蘊釀宿陳，出之無光澤耳。

攫金於市者，見金而不見人；剖身藏珠者，愛珠而忘自愛。與夫決性命以饕富貴，縱嗜欲以伐生者何异？

説不盡山水好景，但付沉吟；當不起世態炎凉，惟有哭泣。

殺得人者，方能生人。有恩者，必然有怨。若使不陰不陽，隨世波靡，肉菩薩出世，於世何補，此生何用？

李太白云：「天生我才必有用，黄金散盡能復來。」［杜少陵］又云：「一生性僻耽佳句，語不驚人死不休。」豪傑不可不解此語。

天下固有父兄不能囿之豪傑，必無師友不可化之愚蒙。

諧友于於天倫之外，元章呼石爲兄；勞奔走於世途之中，莊生喻塵以馬。

詞人半肩行李，收拾秋水春雲；深宫一世梳妝，惱亂晚花新柳。

得意不必人知，興來書自聖；縱口何關世議，醉後語猶顛。

英雄尚不肯以一身受天公之顛倒，吾輩奈何以一身受世人之提掇？是堪指髮，未可低眉。

能爲世必不可少之人，能爲人必不可及之事，則庶幾此生不虛。

兒女情，英雄氣，并行不悖；或柔腸，或俠骨，總是吾徒。

上馬橫槊，下馬談論，自是英雄本色；熟讀《離騷》，痛飲濁酒，果然名士風流。

詩狂空古今，酒狂空天地。

處世當於熱地思冷，出世當於冷地求熱。

我輩腹中之劍，亦何可少，要不必用耳。若蜜口，真婦人事哉。

辦大事者，匪獨以意氣勝，蓋亦其智略絶也。故負氣雄行，力足以折公侯；出奇制算，事足以駭耳目。如此人者，俱千古矣。嗟嗟！今世徒虛語耳。

説劍談兵，今生恨少封侯骨；登高對酒，此日休吟烈士歌。

身許爲知己死，一劍夷門，到今俠骨香仍古；腰不爲督郵折，五斗彭澤，從古高風清至今。

劍擊秋風，四壁如聞鬼嘯；琴彈夜月，空山引動猿號。

壯志憤懣難消，高人情深一往。

先達笑彈冠，休向侯門輕曳裾；相知猶按劍，莫從世路暗投珠。

醉古堂劍掃卷十一

松陵陸紹珩湘客父選
兄陸紹璉宗玉父閱

法

自方袍幅巾之態，遍滿天下，而超脱穎絶之士，遂以同汚合流矯之，而世道已不古矣。夫迂腐者既泥於法，而超脱者又放越於法，然則士君子亦不偏不倚，期無所放越則已矣，又何必方袍幅巾，作此迂態耶？集法第十一。

世無乏才之世，以通天達地之精神，而輔之以拔十得五之法眼。

凡事留不盡之意則機圓，凡物留不盡之意則用裕，凡情留不盡之意則味深，凡言留不盡之意則致遠，凡興留不盡之意則趣多，凡才留不盡之意則神滿。

有世法，有世緣，有世情。緣非情則易斷，情非法則易流。

世多理所難必之事，莫執宋人道學；世多情所難通之事，莫説晋人風流。

與其以衣冠誤國，不若以布衣關世；與其林下而矜冠裳，不若廊廟而標泉石。

眼界愈大，心腸愈小；地位愈高，舉止愈卑。

一心可以交萬友，二心不可以交一友。

少年人要心忙，忙則攝浮氣；老年人要心閑，閑則樂餘年。

晋人清談，宋人理學，以晋人遺俗，以宋人禔躬，合之雙美，分之兩傷也。

莫行心上過不去事，莫存事上行不去心。

忙處事爲，常向閑中先檢點；動時念想，預從静裏密操持。

青天白日處節義，自暗室屋漏中培來；旋乾轉坤的經綸，自臨深履薄處操出。

以積貨財之心積學問，以求功名之念求道德，以愛妻子之心愛父母，以保爵位之策保國家。

才智英敏者，宜以學問攝其躁；氣節激昂者，當以德性融其偏。

何以下達，惟有飾非；何以上達，無如改過。

一點不忍的念頭，是生民生物之根芽；一段不爲的氣象，是撑天撑地之柱石。

君子對青天而懼，聞雷霆而不驚；履平地而恐，涉風波而不駭。

不可乘喜而輕諾，不可因醉而生嗔，不可乘快而多事，不可因倦而鮮終。

意防慮如撥，口防言如遏，身防染如奪，行防過如割。

白沙在泥，與之俱黑，漸染之習久矣；他山之石，可以攻玉，切磋之力大焉。

後生輩胸中，落意氣兩字，有以趣勝者，有以味勝者。然寧饒於味，而無寧饒於趣。

芳樹不用買，韶光貧可支。

寡思慮以養神，剪情欲以養精，靖言語以養氣。

立身高一步方超達，處世退一步方安樂。

士君子貧不能濟物者，遇人癡迷處，出一言提醒之，遇人急難處，出一言解救之，亦是無量功德。

救既敗之事者，如馭臨崖之馬，休輕策一鞭；圖垂成之功者，如挽上灘之舟，莫少停一棹。

無事常如有事時，隄防纔可以彌意外之變；有事常如無事時，鎮定方可以消局中之危。

是非邪正之交，少遷就則失從違之正；利害得失之會，太分明則起趨避之私。

待人而留有餘不盡之恩，則可以維繫無厭之人心；御事而留有餘不盡之智，則可以隄防不測之事變。

事係幽隱，要思回護他，著不得一點攻訐的念頭；人屬寒微，要思矜禮他，著不得一毫傲睨的氣象。

毋以小嫌而疏至戚，毋以新怨而忘舊恩。

待富貴人，不難有禮而難有體；待貧賤人，不難有恩而又難有禮。

禮義廉耻，可以律己，不可以繩人。律己則寡過，繩人則寡合。

凡事韜晦，不獨益己，抑且益人；凡事表暴，不獨損人，抑且損己。

覺人之詐，不形於言；受人之侮，不動於色。此中有無窮意味，亦有無窮受用。

爵位不宜太盛，太盛則危；能事不宜盡畢，盡畢則衰。

遇故舊之交，意氣要愈新；處隱微之事，心迹宜愈顯；待衰朽之人，恩禮要愈隆。

用人不宜刻，刻則思效者去；交友不宜濫，濫則貢諛者來。

憂勤是美德，太苦則無以適性怡情；淡泊是高風，太枯則無以濟人利物。

作人要脱素，不可存一矯俗之心；應世要隨時，不可起一趨時之念。

富貴之家，常有窮親戚往來，便是忠厚。

從師延名士，鮮垂教之實益；爲徒攀高第，少受誨之真心。

男子有德便是才，女子無才便是德。

病中之趣味，不可不嘗；窮途之景界，不可不歷。

才人國士，既負不群之才，必負不羈之行，是以才稍壓衆則忌心生，行稍違時則側目至。死後聲名，空譽墓中之骸骨；窮途潦倒，誰憐宫外之蛾眉。

貴人之交貧士也，驕色易露；貧士之交貴人也，傲骨當存。

君子處身，寧人負己，己無負人；小人處事，寧己負人，無人負己。

硯神曰淬妃，墨神曰回氏，紙神曰尚卿，筆神曰昌化，又曰佩阿。

要治世，半部《論語》；要出世，一卷《南華》。

禍莫大於縱己之欲，惡莫大於言人之非。

求見知於人世易，求真知於自己難；求粉飾於耳目易，求無愧於隱微難。

聖人之言，須常將來眼頭過，口頭轉，心頭運。

與其巧持於末，不若拙戒於初。

君子有三惜：此生不學，一可惜；此日閑過，二可惜；此身一敗，三可惜。

晝觀諸妻子，夜卜諸夢寐。兩者無愧，始可言學。

士大夫三日不讀書，則禮義不交胸中，便覺面目可憎，語言無味。

與其密面交，不若親諒友；與其施新恩，不若還舊債。

士人當使王公聞名多而識面少，寧使王公訝其不來，毋使王公厭其不去。

見人有得意事，便當生忻喜心；見人有失意事，便當生憐憫心，皆自己真實受用處。

忌成樂敗，何預人事？徒自壞心術耳。

恩重難酬，名高難稱。

待客之禮，當存古意，止一鷄一黍，酒數行，食飯而罷，以此爲法。

處心不可著，著則偏；作事不可盡，盡則窮。

士人所貴，節行爲大。軒冕失之，有時而復來；節行失之，終身不可得矣。

勢不可倚盡，言不可道盡，福不可享盡。凡事不盡處，意味偏長。

静坐然後知平日之氣浮，守默然後知平日之言躁，省事然後知平日之費閑，閉户然後知平日之交濫，寡欲然後知平日之病多，近情然後知平日之念刻。

喜時之言多失信，怒時之言多失體。

泛交則多費，多費則多營，多營則多求，多求則多辱。

莫作心上過不去之事，莫萌事上行不去之心。

一字不可輕與人，一言不可輕語人，一笑不可輕假人。

正以處心，廉以律己，忠以事君，恭以事長，信以接物，寛以待下，敬以處事，此居官之七要也。

聖人成大事業者，從戰戰兢兢之小心來。

酒入舌出，舌出言失，言失身棄。余以爲棄身不如棄酒。

青天白日，和風慶雲，不特人多喜色，即鳥鵲且有好音。若暴風怒雨，疾雷閃電，鳥亦投林，人亦閉户。故君子以太和元氣爲主。

胸中落意氣兩字，則交游定不得力；落騷雅二字，則讀書定不深心。

交友之先宜察，交友之後宜信。

惟儉可以助廉，惟恕可以成德。

惟書不問貴賤貧富老少，觀書一卷，則有一卷之益；觀書一日，則有一日之益。

坦易其心胸，真率其笑語，疏野其禮數，簡少其交游。

好醜不可太明，議論不可務盡，情勢不可殫竭，好惡不可驟施。

不風之波，開眼之夢，皆能增進道心。

積書當積有益之書。

開口譏誚人，是輕薄第一件，不惟喪德，亦足喪身。

人之恩可念不可忘，人之仇可忘不可念。

不能受言者，不可多與一言，此是善交法。

君子於人，當於有過中求無過，不當於無過中求有過。

我能容人，人在我範圍，報之在我，不報在我；人若容我，我在人範圍，不報不知，報之不知。

自重者然後人重，人輕者由我自輕。

遇不韵當簡默，恐以恢諧生怨也。

高明性多疏脱，須學精嚴；狷行常苦拘時，當思圓轉。

欲做精金美玉的人品，定從烈火中鍛來；思立揭地掀天的事功，須向薄冰上履過。

性不可縱，怒不可留，語不可激，飲不可過。

能輕富貴，不能輕一輕富貴之心；能重名義，又復重一重名義之念，是事境之塵氛未掃，而心境之芥蒂未忘。此處拔除不净，恐石去而草復生矣。

紛擾固溺志之場，而枯寂亦槁心之地。故學者當栖心玄默，以寧吾真體；亦當適志恬愉，以養吾圓機。

昨日之非不可留，留之則根燼復萌，而塵情終累乎理趣；今日之是不可執，執之則渣滓未化，而理趣反轉爲欲根。

待小人不難於嚴，而難於不惡；待君子不難於恭，而難於有禮。

市私恩，不如扶公議；結新知，不如敦舊好；立榮名，不如種隱德；尚奇節，不如謹庸行。

有一念而犯鬼神之禁，一言而傷天地之和，一事而釀子孫之禍者，最宜切戒。

不實心，不成事；不虛心，不知事。

老成人受病，在作意步趨；少年人受病，在假意超脱。

爲善有表裏始終之异，不過假好人；爲惡無表裏始終之异，倒是硬漢子。

入心處咫尺玄門，得意時千古快事。

《水滸傳》何所不有，却無破老一事，非關缺陷，恰是酒肉漢本色如此，以此益知作者之妙。

世間會討便宜人，已是曾吃虧過者。

書是同人，每讀一篇，自覺寢食有味；佛爲老友，但窺半偈，轉思前境真空。

衣垢不湔，器缺不補，對人猶有慚色；行垢不湔，德缺不補，對天豈無愧心？

天地俱不醒，落得昏沉醉夢；洪濛率是客，枉尋寥廓主人。

老成人必典必則，半步可規；氣悶人不吐不茹，一時難對。

重友者，交時極難，看得難，以故轉重；輕友者，交時極易，看得易，以故轉輕。

能於熱地思冷，則一世不受凄凉；能於淡處求濃，則終身不落枯槁。

近以静事而約己，遠以惜福而延生。

吾本薄福人，宜行厚德事；吾本薄德人，宜行惜德事。

掩户焚香，清福已具。如無福者，定生他想。更有福者，輔以讀書。

國家用人，猶農家積粟。粟積於豐年，乃可濟饑；才儲於平時，乃可濟用。

考人品，要在五倫上見。此處得，則小過不足疵；此處失，則衆長不足録。

國家尊名節，奬恬退，雖一時未見其效，然當患難倉卒之際，終賴其用。如禄山之亂，河北二十四郡皆望風奔潰，而抗節不撓者，止一顔真卿。明皇初不識其人，則所謂名節者，亦未嘗不自恬退中得來也。故奬恬退者，乃所以勵名節。

志不可一日墜，心不可一時放。

辯不如訥，語不如默，動不如静，忙不如閑。

以無累之神，合有道之器，宫商暫離，不可得已。

醉古堂劍掃卷十二

松陵陸紹珩湘客父選　溪于汝調鼎石臣父參
兄陸紹璉宗玉父閱　武水倪點曼青父

倩

倩不可多得，美人有其韵，名花有其致，青山緑水有其丰標。外則山臞韵士，當情景相會之時，偶出一語，亦莫不盡其韵，極其致，領略其丰標。可以啓名花之笑，可以佐美人之歌，可以發山水之清音，而又何可多得！集倩第十二。

會心處，自有濠濮間想，無可親人魚鳥；偃卧時，便是羲皇上人，何必夏月凉風。

翠竹碧梧，高僧對奕；蒼苔紅葉，童子煎茶。

一軒明月，花影參差，席地偏宜小酌；十里青山，鳥聲斷續，尋春幾度長吟。

入山采藥，臨水捕魚，緑樹陰中鳥道；掃石彈琴，捲簾看鶴，白雲深處人家。

沙村竹色，明月如霜，攜幽人杖藜散步；石屋松陰，白雲似雪，對孤鶴掃榻高眠。

富貴功名，榮枯得喪，人間驚見白頭；風花雪月，詩酒琴書，世外喜逢青眼。

焚香看書，人事都盡。隔簾花落，松梢月上，鐘聲忽度；推窗仰視，河漢流雲，大勝晝時。非有洗心滌慮得意爻象之表者，不可獨契此語。

紙窗竹屋，夏葛冬裘，飯後黑甜，日中白醉，足矣！

收碣石之宿霧，斂蒼梧之夕雲。八月靈槎，泛寒光而静去；三山神闕，湛清影以遥連。

空三楚之暮天，樓中歷歷；滿六朝之故地，草際悠悠。

秋水岸移新釣舫，藕花洲拂舊荷裳。心深不滅三年字，病淺難銷寸步香。

趙飛燕歌舞自賞，仙風留於縐裙；韓昭侯顰笑不輕，儉德昭於敝袴。皆以一物著名，局面相去甚遠。

翠微僧至，衲衣全染松雲；斗室殘經，石磬半沉蕉雨。

黄鳥情多，常向夢中呼醉客；白雲意懶，偏來僻處媚幽人。

樂意相關禽對語，生香不斷樹交花，是無彼無此真機；野色更無山隔斷，天光常與水相連，此徹上徹下真境。

美女不尚鉛華，似疏雲之映淡月；禪師不落空寂，若碧沼之吐青蓮。

書者喜談畫，定能以畫法作書；酒人好論茶，定能以茶法飲酒。

幽人清課，詎但啜茗焚香；雅士高誼，不在題詩揮扇。

詩用方言，豈是采風之字；談憐俳語，恐貽拂塵之羞。

肥壤植梅，花茂而其韵不古；沃土種竹，枝盛而其質不堅。

竹徑松籬，盡堪娱目，何非一段清閑；園亭池榭，僅可容身，便是半生受用。

南澗科頭，可任半簾明月；北窗坦腹，還須一榻清風。

披帙横風榻，邀棋坐雨窗。

花關曲折，雲來不認灣頭；草徑幽深，葉落但敲門扇。

洛陽每遇梨花時，人多攜酒樹下，曰：「爲梨花洗妝。」

緑染林皋，紅銷溪水。幾聲好鳥斜陽外，一簇春風小院中。

有客到柴關，清尊開江上之月；無人剪蒿徑，孤榻對雨中之山。

茶熟香清，有客到門可喜；鳥啼花落，無人亦自悠然。

恨留山鳥，啼百卉之春紅；愁寄隴雲，鎖四天之暮碧。

澗口有泉常飲鶴，山頭無地不栽花。

雙杵茶烟，具載陸君之竈；半床松月，且窺揚子之書。

尋雪後之梅，幾忙騷客；訪霜前之菊，頗愜幽人。

帳中蘇合，全消雀尾之爐；檻外游絲，半織龍鬚之席。

瘦竹如幽人，幽花如處女。

晨起推窗，紅雨亂飛，閑花笑也；緑樹有聲，閑鳥啼也；烟嵐滅没，閑雲度也；藻荇可數，閑池静也；風細簾清，林空月印，閑庭峭也。山扉晝扃，而剥啄每多閑侶；帖括因人，而几案每多閑編。繡佛長齋，禪心釋諦，而念多閑想，語多閑辭。閑中滋味，洵足樂也。

鄙吝一消，白雲亦可贈客；渣滓盡化，明月自來照人。

名花茂樹，可發賞心；流水青山，何妨適性。

水流雲在，想子美千載高標；月到風來，憶堯夫一時雅致。

何以消天上之清風朗月？酒盞詩筒。何以謝人間之覆雨翻雲？閉門高枕。

高客留連，花木添清疏之致；幽人剥啄，莓苔生淡冶之容。

雨中連榻，花下飛觴。進艇長波，散髮弄月。紫簫玉笛，颯起中流。白露可餐，天河在袖。

午夜箕踞松下，依依皎月，時來親人，亦復快然自適。

香宜遠焚，茶宜旋煮，山宜秋登。

中郎賞花云：「茗賞上也，談賞次也，酒賞下也。若夫内酒越茶，及一切庸穢凡俗之語，此花神之深惡痛斥者。寧閉口枯坐，勿遭花惱可也。」

賞花有地有時，不得其時而漫然命客，皆爲唐突。寒花宜初雪，宜霽，宜新月，宜暖房；温花宜晴日，宜輕寒，宜華堂；暑花宜雨後，宜快風，宜佳木陰，宜竹木，宜水閣；涼花宜爽月，宜夕陽，宜空階，宜苔徑，宜古藤巉石邊。若不論風日，不擇佳地，神氣散緩，了不相屬，比於妓舍酒館中花，何异哉！

雲霞爭變，風雨横天，終日静坐，清風灑然。

妙笛至山水佳處，馬上臨風，快作數弄。

心中事，眼中景，意中人。

園花按時開放，因即其佳稱，待之以客。梅花索笑客，桃花銷恨客，杏花倚雲客，水仙凌波客，牡丹酣酒客，芍藥占春客，萱草忘憂客，蓮花禪社客，葵花丹心客，海棠昌州客，桂花招隱客，菊花東籬客，蘭花幽谷客，酴醾清叙客，臘梅遠寄客。須是身閑，方可稱爲主人。

馬蹄入樹鳥夢墮，月色滿橋人影來。

無事當看韵書，有酒當邀韵友。

紅蓼灘頭，青林古岸，西風撲面，風雪打頭，披蓑頂笠，執竿烟水，儼在米芾《寒江獨釣圖》中。

馮惟一以杯酒自娱，酒酣即彈琵琶，彈罷賦詩，詩成起舞。時人愛其俊逸。

風下松而合曲，泉縈石而生文。

秋風解纜，極目葦蘆，白露横江，情景凄絶。孤雁驚飛，秋色遠近，泊舟卧聽，沽酒呼盧。一切塵事，都是秋水蘆花。

萬緑陰中，小亭避暑；八闥洞開，几簟皆緑。雨過蟬聲，風來花氣，令人自醉。

設禪榻二，一自適，一適知朋。朋若未至，則懸之。敢曰：「陳蕃之榻，懸待孺子；長史之榻，專設休源。」亦惟禪榻之側，不容著俗人膝耳。詩魔酒顛，賴此榻祛醒。

留連野水之烟，淡蕩寒山之月。

春夏之交，散行麥野；秋冬之際，微醉稻場。欣麥浪之撲人，積翠直侵衣帶；快稻香之覆地，新醅欲溢尊罍。每來得趣於莊村，寧去置身於草野。

羈客在雲村，蕉雨點點，如奏笙竽，聲極可愛。山人讀《易》《禮》，斗後騎鶴以至，不減聞《韶》也。

陰茂樹，濯寒泉，溯泠風，寧不爽然灑然！

韵言一展卷間，恍坐冰壺而觀龍藏。

春來新笋，細可供茶；雨後奇花，肥堪待客。

賞花須結豪友，觀妓須結淡友，登山須結逸友，泛水須結曠友，對月須結冷友，待雪須結艷友，捉酒須結韵友。

問客寫藥方，非關多病；閉門聽野史，只爲偷閑。

歲行盡矣，風雨凄然，紙窗竹屋，燈火青熒，時於此間得小趣。

山鳥每夜五更喧起五次，謂之報更，蓋山間真率漏聲也。

分韵題詩，花前酒後；閉門放鶴，主去客來。

凡醉各有所宜。醉花宜晝，襲其光也；醉雪宜夜，清其思也；醉得意宜唱，宣其和也；醉將離宜擊鉢，壯其神也；醉文人宜謹節奏，畏其侮也；醉俊人宜益觥盂加旗幟，助其烈也；醉樓宜暑，資其清也；醉水宜秋，泛其爽也。此皆審其宜，考其景矣。

插花著瓶中，令俯仰高下，斜正疏密，皆有意態，得畫家寫生之趣方佳。

法飲宜舒，放飲宜雅，病飲宜少，愁飲宜醉，春飲宜郊，夏飲宜洞，秋飲宜舟，冬飲宜室；夜飲宜月。

釀酒以待病客，辣酒以待飲客，苦酒以待豪客，淡酒以待清客，濁酒以待俗客。

仙人好樓居，須岧嶢軒敞，八面玲瓏，舒目披襟，有物外之觀，霞表之勝。宜對山，宜臨水；宜待月，宜觀霞；宜夕陽，宜雪月；宜岸幘觀書，宜倚欄吹笛；宜焚香静坐，宜揮塵清談。江干宜帆影，［山］麓宜烟嵐；院落宜楊柳，寺觀宜松篁；溪邊宜漁樵、宜鷺鷥，花前宜娉婷、宜鸚鵡。宜翠霧霏微，宜銀河清淺；宜萬里無雲、長空如洗，宜千林過雨、叠嶂如新；宜高插江天，宜斜連城郭；宜開窗眺海日，宜露頂卧天風。宜嘯，宜咏，宜終日敲棋；宜酒，宜詩，宜清宵對榻。

良夜風清，石床獨坐，花香暗度，松影參差。黄鶴樓可以不登，張懷民可以不訪，《滿庭芳》可以不歌。

茅屋竹窗，一榻清風邀客；茶爐藥竈，半簾明月窺人。

娟娟花露，曉濕芒鞋；瑟瑟松風，凉生枕簟。

緑箬斜披，桃葉渡頭，一片弄殘秋月；青簾高掛，杏花村裹，幾回典却春衣。

楊花飛入珠簾，脱巾洗硯；詩草吟成錦字，燒竹煎茶。

良友相聚，或解衣盤礴，或分韵角險，頃之貌出青山，吟成麗句，從旁品題之，大是開心事。

木枕傲，石枕冷，瓦枕粗，竹枕鳴。以藤爲骨，以漆爲膚。其背圓而滑，其額方而通。此蒙莊之蝶庵，華陽之睡几。

小橋月上，仰盼星光，浮雲往來，掩映於牛渚之間，别是一種晚眺。

醫俗病莫如書，贈酒狂莫如月。

明窗净几，好香苦茗，有時與高衲談禪；荳棚菜圃，暖日和風，無事聽閑人説鬼。

花事乍開乍落，月色乍陰乍晴，興未闌，躊躇搔首；詩篇半拙半工，酒態半醒半醉，身方健，潦倒放懷。

松聲竹韵，不濃不淡；傾耳聽之，頓長格價。

［灣］月宜寒潭，宜絶壁；宜高閣，宜平臺；宜窗紗，宜簾鈎；宜苔階，宜花砌；宜小酌，宜清談；宜長嘯，宜獨往；宜搔首，宜促膝。春月宜尊罍，夏月宜枕簟，秋月宜砧杵，冬月宜圖書。樓月宜簫，江月宜笛；寺院月宜笙，書齋月宜琴；閨闈月宜紗橱，勾欄月宜弦索；關山月宜帆檣，沙場月宜刁斗。花月宜佳人，松月宜道者，蘿月宜隱逸，桂月宜俊英。山月宜老衲，湖月宜良朋，風月宜楊柳，雪月宜梅花。片月宜花梢，宜樓頭，宜淺水，宜杖藜，宜幽人，宜孤鴻；滿月宜江邊，宜苑内，宜綺筵，宜華燈，宜醉客，宜妙妓。

佛經云：「細燒沉水，毋令見火。」此燒香三昧語。

石上藤蘿，牆頭薜荔，小窗幽致，絶勝深山。加以明月清風，物外之情，盡堪閑適。

出世之法，無如閉關。計一園手掌大，草木蒙茸，禽魚來往，矮屋臨水，展書匡坐，幾於避秦，與人世隔。

山上須泉，徑中須竹。讀史不可無酒，談禪不可無美人。

幽居雖非絶世，而一切使令供具、交游晤對之事，似出世外。花爲婢僕，鳥爲笑談，溪漱澗流代酒餚烹亨。書史作師保，竹石質友朋。雨聲雲影，松風蘿月，爲一時豪興之歌舞。情境固濃，然亦清華。

蓬窗夜啓，月白於霜；漁火沙汀，寒星如聚。忘却客子作楚，但欣烟水留人。

無欲者其言清，無累者其言達。口耳巽入，靈竅忽啓。故曰不爲俗情所染，方能説法度人。

臨流曉坐，欸乃忽聞，山川之情，勃然不禁。

舞罷纏頭何所贈，折得松釵；飲餘酒債莫能償，拾來榆莢。

午夜無人知處，明月催詩；三春有客來時，香風散酒。

如何清色界，一泓碧水含空；那可斷游蹤，半砌青苔殢雨。

村花路柳，游子衣上之塵；山霧江雲，行李擔頭之色。

何處得真情，買笑不如買愁；誰人效死力，使功不如使過。

芒鞋甫掛，忽想翠微之色；兩足復繞山雲；蘭棹方停，忽聞新漲之波，一葉仍飄烟水。

旨愈濃而情愈淡者，霜林之紅樹；臭愈近而神愈遠者，秋水之白蘋。

龍女濯冰綃，一帶水痕寒不耐；姮娥攜寶藥，半囊月魄影猶香。

山館秋深，野鶴唳殘清夜月；江園春暮，杜鵑啼斷落花風。

石洞尋真，緑玉嵌烏藤之仗；苔磯垂釣，紅翎間白鷺之蓑。

晚村人語，遠歸白社之烟；曉市花聲，驚破紅樓之夢。

案頭峰石，四壁冷浸烟雲，何與胸中丘壑；枕邊溪澗，半床寒生瀑布，争如舌底鳴泉。

扁舟空載，贏却關津不税愁；孤杖深穿，攬得烟雲閑入夢。

幽堂晝密，清風忽來好伴；虚窗夜朗，明月不減故人。

曉入梁王之苑，雪滿群山；夜登庾亮之樓，月明千里。

帝子之望巫陽，遠山過雨；王孫之别南浦，芳草連天。

名妓翻經，老僧釀酒，書生借箸談兵，介胄登高作賦，羡他雅致偏增；屠門食素，駔儈論文，厮養盛服領緣，方外束脩懷刺，令我風流頓減。

山房之磬，雖非緑玉沉明輕清之韵，盡可節清歌、清俗耳。

高卧酒樓，紅日不催詩夢醒；漫書花榭，白雲恒帶墨痕香。

相美人如相花，貴清艷而有若遠若近之思；看高人如看竹，貴瀟灑而有不疏不密之致。

梅稱清絶，多却羅浮一段妖魂；竹本蕭疏，不耐湘妃數點愁淚。

窮秀才生活，整日荒年；老山人出游，一派熟路。

眉端揚未得，庶幾在山月吐時；眼界放開來，只好向水雲流處。

劉伯倫攜壺荷鍤，死便埋我，真酒人哉；王武仲閉關護花，不許踏破，真花奴耳。

一聲秋雨，一聲秋雁，消不得一室清燈；一月春花，一鋪春草，繞亂却一生春夢。

夭桃紅杏，一時分付東風；翠竹黄花，從此永爲閑伴。

花影零亂，香魂夜發，囅然而喜。燭既燼，不能寐也。

花陰流影，散爲半院舞衣；水響飛音，聽來一溪歌板。

一片秋色，能療病客；半聲春鳥，偏喚愁人。

會心之語，當以不解解之；無稽之言，是在不聽聽耳。

雲落寒潭，滌塵容於水鏡；月流深谷，拭淡黛於山妝。

尋芳者追深徑之蘭，識韵者窮深山之竹。

花間雨過，蜂黏幾片薔薇；柳下童歸，香散數莖簷蔔。

幽人到處烟霞冷，仙子來時雲雨香。

落紅點苔，可當錦褥；草香花媚，可當嬌姬。莫逆則山鹿溪鷗，鼓吹則水聲鳥囀。

毛褐爲紈綺，山雲作主賓。和根野菜，不讓侯鯖；帶葉柴門，奚輸甲第？

野築郊居，綽有規制。茅亭草舍，棘垣竹籬，構列無方，淡宕如畫。花間紅白，樹無行款，徜徉灑落，何异仙居？

墨池寒欲結，冰分筆上之花；爐篆氣初浮，不散簾前之霧。

青山在門，白雲當戸，明月到窗，凉風拂座。勝地皆仙，五城十二樓，轉覺揀擇。

何爲聲色俱清？曰：「松風水月，未足比其清華。」何爲神情俱徹？曰：「仙露明珠，詎能方其朗潤。」

逸字是山林關目，用於情趣，則清遠多致；用於事務，則散漫無功。

宇宙雖寬，世途渺於鳥道；徵逐日甚，人情浮比魚鱻。

柳下艤舟，花間走馬，觀者之趣，倍於個中。

問人情何似？曰：「野水多於地，春山半是雲。」問世事何似？曰：「馬上懸壺漿，刀頭分頓肉。」

塵情一破，便同鷄犬爲仙；世法相拘，何异鶴鵝作陣。

清恐人知，奇足自賞。

與客倒金樽，醉來一榻，豈獨客去爲佳；有人知玉律，回車三調，何必相識乃再？笑元亮之逐客何迂，羡子猷之高情可賞。

高士豈盡無染，蓮爲君子，亦自出於淤泥；丈夫但論持操，竹作正人，何妨犯以霜雪。

東郭先生之履，一貧從萬古之清；山陰道士之經，片字收千金之重。

説來事事應難説，何如漱齒；聽到聲聲不忍聽，惟有枕流。

管輅請飲後言，名爲酒膽；休文以吟致瘦，要是詩魔。

因花索句，勝他牘奏三千；爲鶴謀糧，贏我田耕二頃。

至奇無驚，至美無艷。

瓶中插花，盆中養石，雖是尋常供具，實關幽人性情。若非得趣，個中佈置，何能生致？

舌頭無骨，得言句之總持；眼裹有筋，具游戲之三昧。

群居閉口，獨坐防心。

湖海上浮家泛宅，烟霞五色足資糧；乾坤内狂客逸人，花鳥四時供嘯咏。

養花，瓶亦須精良。譬如玉環、飛燕，不可置之茅茨；嵇、阮、賀、李，不可請[之]酒食店中。

纔有力以勝蝶，本無心而引鶯；半葉舒而岩暗，一花散而峰明。

玉檻連彩，粉壁迷明。動鮑昭之詩興，銷王粲之憂情。

跋一

昔人贊坡公：「胸中有萬卷書，下筆無半點塵。」予謂破萬卷易，絕點塵難。讀友人湘客《劍掃》編，故知慧根人，於舌間不作錚錚響，一種醒世熱腸，良獨切矣。字挾風霜，聲協金石。試之馬上，當與《新語》并行；較諸雲中，足稱《文賦》媲美。予捧之爲枕中秘。適寒山趙凡夫暨余家況白民，聞而請閱之，共爲賞鑒。予因以冷語結之，曰：「湘客業已劍掃矣，願以此劍倚天外。」一簣山人朱鴻跋。

跋 二

世人白晝中多作寐語，邯鄲道上何處尋邊際也？讀《劍掃集》，恍若現青蓮於舌端，醒黑甜於魔裏，借君玉屑，飲我清凉。平江屠嘉慶公祐氏題。

跋 三

君具覺世熱腸，予具出世冷眼。微予冷眼，孰識君腸；微君熱腸，誰拭予眼？當使炎燠冰消，清虚颯至。友弟顧廷栻書。